U0388241

一个人的幸福餐

A Meal with Happiness for Just One Person

周小雨 主编

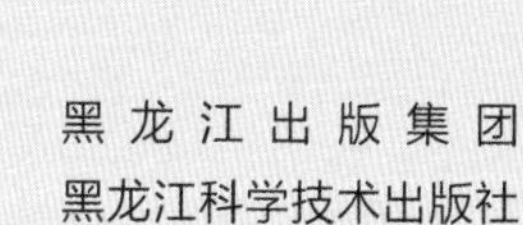

图书在版编目（CIP）数据

一个人的幸福餐 / 周小雨主编. -- 哈尔滨 : 黑龙江科学技术出版社，2016.10
ISBN 978-7-5388-8932-1

Ⅰ. ①一… Ⅱ. ①周… Ⅲ. ①菜谱 Ⅳ. ①TS972.12

中国版本图书馆CIP数据核字(2016)第206064号

一个人的幸福餐

YIGEREN DE XINGFUCAN

主　　编　周小雨
责任编辑　徐　洋
摄影摄像　深圳市金版文化发展股份有限公司
策划编辑　深圳市金版文化发展股份有限公司
封面设计　深圳市金版文化发展股份有限公司
出　　版　黑龙江科学技术出版社
　　　　　地址：哈尔滨市南岗区建设街41号　邮编：150001
　　　　　电话：（0451）53642106　传真：（0451）53642143
　　　　　网址：www.lkcbs.cn　www.lkpub.cn
发　　行　全国新华书店
印　　刷　深圳市雅佳图印刷有限公司
开　　本　889 mm×1194 mm　1/32
印　　张　6
字　　数　120千字
版　　次　2016年10月第1版
印　　次　2016年10月第1次印刷
书　　号　ISBN 978-7-5388-8932-1
定　　价　36.80元

谁说一个人不能享受美食

爱家人，爱自己，也爱生活——这是我的人生感悟。

我想，我一辈子，注定无法与美食分开，所以才会在尝尽千般美味之后，毅然决定走进厨房，甘愿从一个优雅的吃货，变身为一位精致的掌厨人，任性地烹饪自己的美食，调制自己的幸福人生。

一个人下厨，并不是简单地和锅碗瓢盆打交道，还要学会和自己的身心交流。身边的环境固然很重要，但更重要的还是自己，所谓心想事成，美味成真。

我们时常能从美食中感觉到满满的爱，无论上一秒有多么难过和委屈，只要下一秒有美食相伴，就会破涕为笑，在那一瞬间觉得自己很幸福。美食真的具有治愈悲伤的力量。

面对这个纷繁复杂、光怪陆离的世界，我们唯有鼓足勇气，选择面对。

因为在被迫坚强成长的过程中，唯有爱与美食不可辜负，所以在《一个人的幸福餐》中，我将此生都不会厌倦的美食，呈现在你的面前，以慰藉我孤独和冷寂的心灵，也希望得到你的共鸣和喜爱。

在此，祝愿每一位享用幸福餐的你，都能早日找到自己的幸福！

CONTENS

Part 1

甜蜜在口，融化入心

003 / 香甜芒果饭

004 / 葛根布丁

006 / 奶香薯圆

007 / 核桃扁豆泥

009 / 芝士南瓜泥

011 / 香蕉热松饼

013 / 吐司布丁

014 / 低卡玉米烙

016 / 草莓牛奶慕斯蛋糕

018 / 小黄瓜奶酪三明治

020 / 奶酥饼

022 / 金色城堡

024 / 吉士面包

026 / 蓝莓山药泥

028 / 甜叶子

030 / 黑豆甜玉米沙拉

032 / 燕麦花豆粥

CONTENS

Part 2

不一样的酸滋味

037 / 柠檬香草鲈鱼
038 / 酸汤鱼
041 / 白菜拌虾干
042 / 酸萝卜炖排骨
044 / 蜜橘鸡丁
047 / 菠萝排骨
048 / 泡菜炒年糕
051 / 酸奶薯泥
053 / 柚子奶冻
055 / 圣女果酸奶沙拉
056 / 酸奶樱桃冰沙
057 / 酸汤水饺

Part 3

“辣”么可爱的幸福味道

061 / 辣酱拌饭
063 / 自制麻辣鸡丝
065 / 麻辣老豆腐
067 / 咖喱蛋包饭
069 / 辣白菜炒饭
070 / 野山椒末蒸秋刀鱼
072 / 开胃茄子泡菜
073 / 辣椒炒肉卷
074 / 青椒牛肉
076 / 辣炒八爪鱼
078 / 红油牛百叶
081 / 辣炒鸭丁

CONTENS

Part 4

“鲜”天美味

085 / 芝士汉堡排
086 / 无油脆皮鸡翅
088 / 迷迭香烤土豆
090 / 鹰嘴豆泥小丸子
093 / 苏格兰蛋
094 / 清酒煮蛤蜊
095 / 紫菜包饭
096 / 海鲜豆腐汤
098 / 鲜菇蒸土鸡
100 / 芦笋鲜蘑菇炒肉丝
102 / 醋椒黄花鱼
104 / 香煎黄脚立
106 / 红烧多宝鱼
108 / 火腿鲜菇

CONTENS

Part 5

一个人的多彩周末

112 / 感受英式菜的惬意：牧羊人派

114 / 做面配饭两不误：番茄牛肉

115 / 开胃养颜好菜：番茄鱼

117 / 新疆风味：美味大盘鸡

118 / 清新开胃：柠檬煎鸡翅

120 / 就爱这一口：酸汤肥牛

122 / 辣辣爽爽：泡椒凤爪

124 / 好吃又养颜：牛肉豆花

126 / 简单又如意：糖醋里脊

128 / 冬季暖歌：白萝卜炖羊排

130 / 口口都是诱惑：台湾麻油鸡

132 / 能量满分：热力三明治

134 / 神奇的美味：怪味鸡丝

137 / 异国风味：彩丝鲜虾卷

138 / 辛香的魅惑：红葱头鸡

140 / 主食的奇妙搭配：拉面炒年糕

142 / 云贵风味的热菜：苗王鱼

145 / 百搭甜品：芒果班戟

146 / 芝士就是力量：轻芝士蛋糕

CONTENS

Part 6

简简单单的轻料理

150 / 玛芬三明治
153 / 脆皮先生
155 / 水果蜜方
156 / 法式奶香蛤蜊
158 / 炸海虾
161 / 美味早餐罐
162 / 什锦鸡肉卷
164 / 盆栽奶茶
166 / 抹茶果冻
168 / 牛油果沙拉
171 / 炸牛肉
172 / 咖啡冰沙
174 / 鸡肉热狗
176 / 芒果冰棒
178 / 香菇拌扁豆
180 / 蒜泥海带丝

甜蜜在口，融化入心

美食放入舌尖的那一刻，仿佛连空气都变得温柔起来，心中升起一股莫名的依赖，感觉奇妙而又那么自然，好吃得让你想起来都会忍不住捂嘴微笑。

Part
1

一碗米饭的香甜之旅，我与你治愈胃和心灵的暖心美味。
当芒果遇上米饭，就像一个万人迷和一个邻家女孩，
香甜芒果米饭，清新脱俗、简洁非凡、不可思议的软绵。
伴随着浓郁的椰香，有一种令人惊艳的感觉，
有没有觉得，真的很适合夏天呢？

香甜芒果饭

材料:

糯米200克

芒果肉400克

椰奶100毫升

调料:

白糖、盐各适量

做法:

1 椰奶倒入碗中，再加入白糖、盐，搅拌均匀。

2 倒入锅中，小火加热几分钟后盛出，即成调味椰浆。

3 糯米略洗，倒出多余的水，静置1小时泡发。

4 用电饭锅将糯米饭蒸至熟透。

5 将蒸好的糯米饭，放置片刻。

6 放上新鲜软滑的芒果肉，再淋上一些调味椰浆即可。

煮饭水的1/2用调味椰浆替代，糯米饭会更加香糯可口。

葛根布丁

材料：葛根粉150克，豆浆 500毫升，牛奶 100毫升，水80毫升

调料：冰糖、蜂蜜、蓝莓酱、薄荷叶各适量

做法：

Step One

用冷的饮用水冲开葛根粉，搅拌均匀。

Step Two

将牛奶和豆浆倒入锅中，拌匀，加冰糖、蜂蜜，稍稍搅拌至溶化。

Step Three

往热豆浆牛奶中倒入搅拌好的葛根粉，边倒边搅拌至葛根粉变黏稠。

Step Four

将冲好的葛根粉放到容器里静置放凉。

Step Five

将备好的蓝莓酱浇在葛根布丁上，摆放上干净的薄荷叶装饰即可。

奶香薯圆，甜甜糯糯的小吃，缠缠绵绵的爱。
什么叫“好吃得简直停不下来”，
吃了它，你就知道，这话有多么贴切。
原来，这世界上，真有这么浪漫的美食啊。
关键是，这么美味，制作起来还超级简单哦。
不管你是否遇到好人来爱你，先好好地来爱自己吧。
奶香薯圆，让甜蜜的爱不留遗憾！

奶香薯圆

材料:

红薯400克

椰奶300毫升

木薯粉200克

熟红豆、葡萄干各适量

做法:

1 红薯切块，放入蒸锅内蒸熟。

2 将蒸熟的红薯去皮，用工具捣制成泥。

3 薯泥内加入木薯粉，加入少许清水，混合成面团。

4 将面团搓成粗条，再直接切粒。

5 放入沸水内煮，用大火煮5分钟，捞出后过凉开水。

6 煮好的薯圆装入碗中，摆放上熟红豆、葡萄干，倒入椰奶即可。

买的红薯不要太老，否则筋太多，咀嚼起来不好吃。根据自己买的红薯甜不甜来决定是否需要加糖。

核桃扁豆泥

材料：干扁豆200克，核桃仁30克，黑芝麻粉25克，枸杞少许

调料：白糖7克，食用油适量

做法：

Step One

核桃仁切碎，剁成细末，待用。

Step Two

取一个蒸碗，倒入干扁豆，加入少许清水，上蒸锅大火蒸1小时。

Step Three

揭开锅盖，取出蒸碗，放凉后去除豆衣，碾碎，剁成细末。

Step Four

煎锅淋入食用油烧热，倒入扁豆末，炒匀，倒入核桃、黑芝麻粉。

Step Five

加白糖，翻炒至白糖熔化，装盘，撒上枸杞即可。

一份芝士心，万两南瓜情。

芝士南瓜泥，一种让你甜到内心都融化掉的甜品。

芝士和南瓜，一个是牛奶发酵浓缩的精华，一个是草木生长落成的瓜果。一个润白如玉，一个金黄似灯。

别看南瓜外表坚强，其实内心柔软；芝士更不用说，

虽然，看着一脸高贵冷艳，其实内心特别细腻。

它们两者相遇，注定是一场惊喜。它们的结合，如同奇迹，

甜美得不可思议，却是真真切切的存在。

芝士南瓜泥

芝士南瓜泥，你只要吃过，就难以忘怀，如同曾爱过的人，总是在孤寂时，不由自主地想起。

材料：

南瓜300克，奶油芝士200克，吐司面包50克，马苏里拉芝士100克，鲜奶油、饼干各少许

做法：

1 洗净的南瓜去皮，去瓤，切成小块。

2 将南瓜上蒸锅，蒸30分钟至完全熟透。

3 蒸熟的南瓜取出放凉，用勺子将其捣成泥，备用。

4 将奶油芝士和马苏里拉芝士切成小块。

5 将吐司面包内的白色部分挖出来，制成容器。

6 南瓜泥填入吐司容器内，铺上奶油芝士，撒上马苏里拉芝士。

7 放入预热好的烤箱，以上下火200℃烤20分钟。

8 待时间到将其取出，摆放上奶油、饼干、面包条装饰即可。

香蕉热松饼，美食界倾倒万千少女的时尚新贵，
一道制作简单，但非常好吃的点心。
不仅香甜可口，而且营养丰富。
据说，无人能经受住它新鲜出炉的诱惑，
无论谁闻到那股独特美妙的无以复加的香气，
都会忍不住“唇唇”欲动。

香蕉热松饼

它褪去自身作为水果的骄傲，只为做成你喜欢吃的饼。
有没有人，像它这般对你，改变自己，只为讨你欢心。

材料：

鸡蛋80克，牛奶150毫升，低筋面粉200克，香草精2克，泡打粉4克，液态黄油20克，香蕉肉80克

调料：

白糖30克，液态黄油30毫升，盐少许

做法：

1 香蕉切小段，捣成泥状，将鸡蛋、牛奶、香草精、液态黄油、盐、白糖放入碗中拌匀，制成蛋奶。

2 将泡打粉和低筋面粉过筛加入拌好的蛋奶内拌匀，再加入香蕉泥拌匀，制成面糊，静置15分钟，平底锅用小火烧热，放入模具，在模具内加入一勺面糊。

3 待面糊表面出泡时去掉模具，翻转面饼并轻轻按压，吱吱作响时即可出锅。

尽显闲暇的下午茶点，口齿生香的舌尖美味。

吐司布丁，是吐司，也是布丁，

一份吐司布丁，就能让你回味一段甜蜜时光。

吐司布丁，

一个人的下午茶，你又怎么能少得了它?

吐司布丁

融合了大麦的清香与葡萄干的果味，
给你绵长润泽的甜，吐司布丁的甜，
“甜”出新境界。

材料：

吐司20克，葡萄干15克，牛奶150毫升，鸡蛋40克

调料：

白糖 20克，糖粉适量

做法：

1 葡萄干用清水洗净，浸泡片刻。

2 吐司切成小丁块。

3 将牛奶、鸡蛋、白糖装入碗中，搅打均匀制成蛋奶。

4 在模具里铺一层吐司块，倒一层蛋奶液，撒几颗葡萄干。

5 将蛋奶液倒入，再在最上面一层铺满吐司丁。

6 放入预热的烤箱中层，以上下火200℃烤20分钟。

7 待时间到将其取出，放凉片刻，筛上糖粉即可。

\ 低卡玉米烙 /

材料:

玉米粒30克

玉米淀粉20克

调料:

糖粉30克，食用油适量

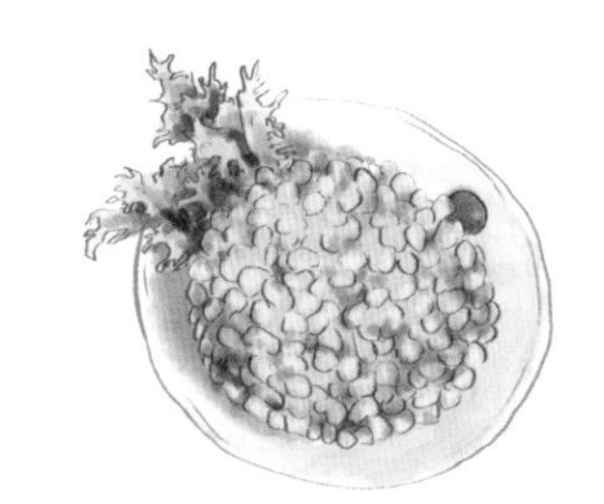

做法:

1 锅中注入适量清水，倒入洗好的玉米粒，搅拌均匀。

2 盖上盖，大火煮开转小火煮10分钟至玉米熟软。

3 揭盖，捞出煮好的玉米粒，沥干水分，装入碗中。

4 将玉米淀粉与玉米拌匀，加入少许清水，搅拌均匀。

5 煎锅倒入适量油，倒入玉米混合物，将其铺平铺匀。

6 煎至凝固，将玉米翻面，续煎到两面金黄酥脆。

7 将煎好的玉米烙盛出装入盘中，撒上糖粉即可。

煮玉米时可加入少许牛奶，味道会更香甜。

\ 草莓牛奶慕斯蛋糕 /

材料：

鲜奶油260克

牛奶150毫升

蛋糕坯1片

切半草莓25克

蛋黄10克

明胶粉10克

调料：

白糖30克

做法：

1 取出蛋糕模具，放入蛋糕坯。

2 奶锅中倒入牛奶，用小火微微加热，加入白糖，搅拌至溶化。

3 放入明胶粉，搅拌至溶化。

4 关火，倒入蛋黄，搅拌均匀。

5 倒入已打发的鲜奶油，拌匀制成蛋糕浆。

6 取出已放入蛋糕坯的蛋糕模具，倒入一半蛋糕浆。

7 切半的草莓，切面向外沿着模具壁一圈摆放整齐，倒入剩余的蛋糕浆。

8 放入冰箱冷冻30分钟至成形，取出后脱模装盘即可。

脱模的时候可以用喷枪将模具边缘微微加热，会好脱模哦。

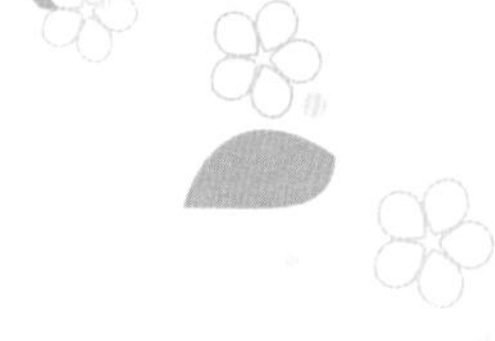

＼小黄瓜奶酪三明治／

材料:

黄瓜25克
奶酪15克
面包片适量

调料:

沙拉酱适量

做法:

1 把面包片的边缘修整齐，再沿对角线切成两片。

2 洗净的黄瓜切薄片，再切细丝，改切成粒。

3 奶酪切丝，改切成粒。

4 取一个干净的碗，倒入黄瓜、奶酪，挤入适量沙拉酱，拌匀。

5 取一片面包，放平，放入拌好的材料，摊平铺开。

6 挤入少许沙拉酱。

7 放上另一片面包，夹紧，制成三明治。

8 另取一盘，放上做好的三明治，摆好盘即可。

剩余的面包边也可以刷上黄油烤制，以免浪费。

\ 奶酥饼 /

材料:

黄奶油120克

蛋黄40克

低筋面粉180克

调料:

盐3克

糖粉60克

做法:

1 将黄奶油倒入大碗中，加入盐、糖粉，用电动搅拌器快速搅匀。

2 分次加入蛋黄，并搅拌均匀。

3 将低筋面粉过筛至碗中，用长柄刮板拌匀，制成面糊。

4 把面糊装入套有花嘴的裱花袋里，剪开一个小口。

5 以画圈的方式把面糊挤在铺有高温布的烤盘里，制成饼坯。

6 把饼坯放入预热好的烤箱里。

7 关上箱门，以上火180℃、下火190℃烤15分钟至熟。

8 打开箱门，取出烤好的饼干，装入盘子即可。

饼干生坯的厚薄，大小都应一致，这样烤出来的成品外形更美观。

\ 金色城堡 /

材料:

面团部分

高筋面粉500克

黄奶油70克

奶粉20克

细砂糖100克

盐5克

鸡蛋1个

水200毫升

酵母8克

面包酱部分

黄奶油100克

糖粉100克

鸡蛋120克

低筋面粉100克

提子干适量

做法:

1 细砂糖、水倒入碗中，拌至细砂糖溶化。

2 高筋面粉、酵母、奶粉倒在案台上，用刮板开窝，倒入糖水、鸡蛋，揉成面团。

3 倒入黄奶油，揉匀，加入盐，揉成面团。

4 用保鲜膜将面团包好，静置10分钟。

5 去除保鲜膜，用电子称称量出数个60克的小面团，将小面团揉搓成圆球形。

6 取3个小面团，放入烤盘中，使其发酵90分钟，备用。

7 将黄奶油、糖粉倒入大碗中，用电动搅拌器搅拌均匀，一边加入鸡蛋，一边搅拌。

8 倒入低筋面粉，搅拌均匀，即成面包酱。

9 将面包酱装入裱花袋中，将面包酱以划圆圈的方式挤在面团上，再撒上适量提子干。

10 将烤盘放入烤箱，以上火160℃、下火190℃烤15分钟至熟，取出即可。

\ 吉士面包 /

材料:

面团部分

高筋面粉500克

黄奶油70克

奶粉20克

细砂糖100克

盐5克

鸡蛋1个

水200毫升

酵母8克

吉士酱

水100毫升

吉士粉60克

玉米淀粉40克

糖粉适量

做法:

1 细砂糖、水倒入碗中，拌至细砂糖溶化。

2 把高筋面粉、酵母、奶粉倒在案台上，用刮板开窝，倒入备好的糖水，按压成形。

3 加入鸡蛋，揉搓成面团，倒入黄奶油，揉搓至黄奶油与面团完全融合。

4 加入盐，揉搓成光滑的面团，用保鲜膜将面团包好，静置10分钟。

5 去除保鲜膜，用电子称称取数个60克的小面团，将小面团揉搓成圆球形。

6 取3个小面团，放入烤盘中发酵90分钟。

7 吉士粉、玉米淀粉、水倒入大碗中，用电动搅拌器搅匀。

8 把吉士酱倒入裱花袋中，剪小口以划圆圈的方式挤在发酵好的面团上。

9 烤盘放入烤箱，以上火190℃、下火190℃烤15分钟至熟，取出，撒上糖粉即可。

\ 蓝莓山药泥 /

材料:

山药180克
蓝莓酱15克

调料:

白醋适量

做法:

1 将去皮洗净的山药切成块。

2 把山药浸入清水中，加白醋，搅拌均匀，去除黏液。

3 将山药捞出，装盘备用。

4 把山药放入烧开的蒸锅中，盖上盖，用中火蒸15分钟至熟。

5 揭盖，把蒸熟的山药取出，倒入大碗中，先用勺子压烂，再用木锤捣成泥。

6 将山药泥倒入碗中，再放上蓝莓酱即可。

蓝莓酱不要加太多，以免过甜盖过山药本身的味道。

\ 甜叶子 /

材料:

面皮

糯米粉500克

澄面80克

黄奶油、

白糖各适量

粽子叶适量

馅料

花生米、椰丝、

花生酱、白糖各适量

冰肉馅30克

食用油适量

做法:

1 椰丝、花生米、冰肉馅、白糖放入大碗中，拌匀，放入花生酱，拌匀，将拌好的馅料倒入小碗中。

2 糯米粉倒在案台上，用刮板开窝，加白糖、黄奶油，加入适量清水，搅拌均匀，揉搓成纯滑的糯米面团。

3 取一碗，倒入澄面，注入适量沸水，搅拌均匀，制成糊状。

4 面糊倒在案台上，加入糯米面团，和匀。

5 面团揉搓成长条，切成数个小剂子。

6 将小剂子捏成半球面状，放入适量馅料，收口捏紧，制成球状生坯。

7 生坯抹上食用油，用干净的粽子叶卷起，裹成杯子状，放入有蒸笼纸的蒸笼上。

8 蒸笼上火蒸10分钟至熟，取出蒸笼，待凉即可食用。

\黑豆甜玉米沙拉/

材料：

水发黑豆60克
甜玉米粒（罐头）70克
黄瓜90克
紫甘蓝110克
紫洋葱50克
圣女果65克
熟白芝麻3克

调料：

苹果醋2大勺
橄榄油1大勺
黑胡椒粉1克
盐2克

做法：

1 洗净的圣女果对半切开；紫甘蓝切条。

2 洗净的黄瓜对半切开，切粗条，改切成丁；黑豆煮熟。

3 洗净的紫洋葱切开，撕成条。

4 加入盐、黑胡椒粉、苹果醋、橄榄油，拌匀，制成酱汁。

5 往备好的玻璃瓶中放入酱汁。

6 倒入熟黑豆，倒入玉米粒。

7 倒入紫甘蓝、黄瓜块、圣女果、洋葱，撒上熟白芝麻即可。

黑豆需要提前1天用凉水浸泡好，这样可以缩短制作的时间。

燕麦花豆粥

材料： 水发花豆180克，燕麦140克

调料： 冰糖30克

做法：

Step One

砂锅中注入适量清水大火烧热。

Step Two

倒入泡发好的花豆、燕麦，搅拌匀。

Step Three

盖上锅盖，煮开后转小火煮1小时至熟软。

Step Four

掀开锅盖，倒入冰糖，搅拌片刻。

Step Five

盖上锅盖，续煮5分钟至入味。

Step Six

掀开锅盖，持续搅拌片刻。

Step Seven

关火，将煮好的粥盛出装入碗中即可。

煮粥的时间较长，可以多加一点儿水，以免煳锅。

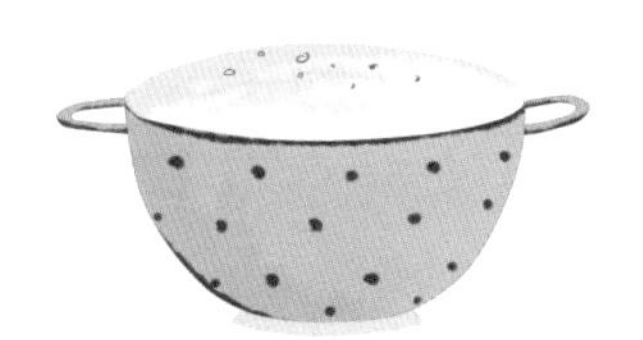

不一样的酸滋味

青涩、纯正又美妙的感觉，令人难以拒绝，
当我闻到这酸爽的香味，便很不争气地饿
了，瞬间胃口大开，让我无法再矜持下去。

Part 2

一份爱有无数种表达方式，一条鱼也有无数种烹饪手法。
吃腻了蒸、煮、煎、炸，不妨试一试烤的味道。
它当然不是甜的，而是酸的，但是，酸的感觉却很微妙，
微妙得让你尝到它，会有一种近乎情侣间吃醋的味道。
无论你单身多久，想感受一下有个优秀的男朋友（或女朋友）
是什么感觉，都可以试一下，它不会让你失望。
信不信，你试试就知道。

柠檬香草鲈鱼

柠檬、香草、鲈鱼，想起来都特别美味，吃起来，更不用说，还夹杂着柠檬和香草的气息，如此独特，以至于让人难以传述。

材料：

净鲈鱼400克，柠檬100克，迷迭香、生姜各适量

调料：

盐6克，料酒15毫升，食用油适量

做法：

1 柠檬切成薄片，洗净的生姜切细丝。

2 鲈鱼身上正反两面各划3刀，将盐抹在鱼的两面，涂抹均匀。

3 部分姜丝、迷迭香、柠檬片塞入鱼肚，在鲈鱼两面刷一层食用油。

4 铺上一张锡纸，里面铺入姜丝、迷迭香、柠檬片，倒一点儿料酒。

5 将鲈鱼平铺在辅料上面，再次铺一层柠檬片，铺上锡纸将其包牢。

6 将烤盘置于预热好的烤箱，以上下火180℃烤25分钟至熟即可。

Tips：鱼肉也可双面抹上盐，腌渍片刻，味道会更好。

\ 酸汤鱼 /

材料:

草鱼800克
莲藕80克
土豆60克
番茄85克
水发海带丝、黄豆芽各65克
芹菜60克
豆皮35克
干辣椒10克
花椒粒10克
葱段适量
蒜末适量

调料:

白醋5毫升，盐5克，鸡粉2克，胡椒粉2克，料酒5毫升，食用油、水淀粉各适量

做法:

1 土豆、莲藕各洗净切片；豆皮切粗丝；芹菜切碎；番茄洗净切瓣；草鱼对切开，将鱼骨剔下剁成块，鱼肉片成片后分别装碗。

2 鱼片内加入2克盐、2毫升料酒、水淀粉、食用油拌匀腌渍5分钟；热锅注油，倒入干辣椒、葱段爆香，放入鱼骨炒香，淋入3毫升料酒，注水至没过食材煮熟。

3 倒入备好的土豆、莲藕、豆皮、海带丝、黄豆芽，盖上盖大火煮开后转小火煮5分钟至熟，加入番茄、3克盐、鸡粉、胡椒粉翻炒调味。

4 关火捞出食材装碗，将锅里的汤加热煮沸，倒入鱼片、白醋拌匀，煮至入味；将汤盛入食材碗中，再铺上芹菜、蒜末、花椒粒，浇上热油即可。

切好的土豆可先用清水浸泡，除去多余的淀粉，口感会更好。

你是否也曾烦恼，
没有一道菜，能衬托出你高贵冷艳的气质；
你是否也曾踌躇，没有一道菜，
能符合你仙姿玉骨的形象。
不要伤感，不要叹息，
你没遇上，并不代表它不存在。

白菜拌虾干

白菜梗洁白似雪，虾仁干清新鲜美，白菜拌虾干，甘美清纯，冷艳脱俗，可谓菜中逸品，食之忘忧，令人清心。

材料：

白菜梗140克，虾米65克，蒜末、葱花各少许

调料：

盐、鸡粉各2克，生抽4毫升，陈醋5毫升，芝麻油、食用油各适量

做法：

1 将洗净的白菜梗切细丝。

2 热锅注油烧热，放入虾米，拌匀，炸约2分钟。

3 至食材熟透，捞出材料，沥干油，待用。

4 白菜梗倒入大碗内，加入盐、鸡粉，淋上生抽、食用油。

5 注入芝麻油、陈醋，撒上蒜末、葱花。

6 匀速搅拌一会儿，放入炸好的虾米，搅拌匀，至食材入味。

7 取一盘子，盛入拌好的菜肴，摆好盘即可。

Tips：食材拌匀后可再腌渍一会儿，这样白菜梗的味道更爽脆。

\ 酸萝卜炖排骨 /

材料：

排骨段300克

酸萝卜220克

香菜段15克

姜片、葱段各少许

调料：

盐、鸡粉各2克，料酒5毫升

做法：

1 洗净的酸萝卜切开，再切大块。

2 锅中注入清水烧开，倒入排骨段，拌匀煮2分钟，汆去血水，捞出食材，待用。

3 砂锅注入清水烧开，撒上姜片、葱段，倒入排骨段、酸萝卜。

4 淋入料酒，搅拌匀。

5 盖上盖，烧开后用小火煮约1小时，至食材熟透。

6 揭盖，加入盐、鸡粉，拌匀调味，撒上香菜段，拌匀。

7 关火后盛出装入碗中即成。

酸萝卜可先用清水浸泡一会儿，这样能减轻其酸味。

\ 蜜橘鸡丁 /

材料:

鸡胸肉150克

蜜橘肉100克

蛋清、枸杞各少许

调料:

盐2克，鸡粉、白糖各少许，料酒3毫升，生粉、水淀粉、食用油各适量

做法:

1 将备好的蜜橘肉切小块。

2 洗净的鸡胸肉切丁，装入碗中。

3 将1克盐、蛋清加入，拌匀。

4 撒上适量生粉，拌匀，注入少许食用油，腌渍约10分钟。

5 用油起锅，倒入腌渍好的鸡丁，炒匀，至其变色。

6 注入少许清水，倒入蜜橘肉，炒匀炒香。

7 用中火略煮，加入1克盐、白糖、鸡粉、料酒，炒匀调味。

8 用水淀粉勾芡，至食材入味。

9 盛出炒好菜肴，放上枸杞即可。

调味时白糖可适量多放一些，这样能中和橘子的酸味，改善菜肴的口感。

菠萝排骨，这酸爽肉香，真令人此生难忘！
把水果做成菜，在西红柿都当水果卖的年代，
早已不算新奇，但是，菠萝入菜，你吃过吗？
在菠萝比蔬菜还便宜的季节，
不做一道菠萝排骨，真对不起这么良心的菠萝价。

菠萝排骨

吉士粉、菠萝肉、排骨、番茄汁
搭配在一起有多美味，
吃了才知道。

材料：

排骨150克，菠萝肉150克，番茄汁30毫升，青红椒片、葱段、蒜末各少许

调料：

盐、味精、吉士粉、白糖、水淀粉、食用油各适量

做法：

1 排骨斩段，菠萝肉切块。

2 排骨加盐、味精、吉士粉拌匀，锅注油烧热，放入排骨炸4分钟，捞出待用。

3 另起油锅，放入葱段、蒜末、青红椒片爆香，加入少许清水，倒入菠萝肉炒匀，倒入番茄汁拌匀，加白糖和盐调味。

4 倒入排骨，加水淀粉炒匀，装盘即可。

Tips： 炸排骨时，火候不宜过大，小火浸炸，再大火复炸，排骨外脆里软。

\ 泡菜炒年糕 /

材料:

泡菜200克
年糕100克
葱白、
葱段各15克

调料:

盐、鸡粉、白糖、水淀粉、芝麻油、食用油各适量

做法:

1 将洗净的年糕切块备用。

2 锅中加入清水烧开，倒入年糕。

3 大火煮约4分钟至熟软后捞出煮好的年糕，沥干水分。

4 起油锅，倒入葱白和备好的泡菜，再倒入年糕，拌炒约2分钟至熟。

5 加入盐、鸡粉、白糖，炒匀调味。

6 用水淀粉勾芡，再淋入芝麻油炒匀。

7 撒入备好的葱段，翻炒片刻，盛入盘内即成。

喜欢辣味的朋友们，还可在调味时加入少许的韩式红辣酱，这样炒出来的年糕酸味浓郁，又不失辣味。

从红薯的洗净蒸煮成熟，再去皮压成泥，
淋上酸奶，最后撒上坚果仁装饰，
整个制作过程极其简单，
但是，呈现的效果却相当惊艳。
是不是开始感叹：原来，它们可以那么美！
试着做一个，你也可以哦！

酸奶薯泥

酸酸甜甜就是我，绵绵润润则是它。当广告中集万千宠爱于一身的酸奶，遇到养生的红薯，会擦出怎样激烈的火花呢？我们拭目以待。

材料：

低脂原味酸奶200毫升，红心番薯400克，葡萄干、榛子仁碎各适量

做法：

1 将红薯洗净对剖开，放进蒸锅蒸20分钟至熟。

2 蒸好的红薯取出放置片刻，待凉将表皮剥去。

3 用工具将红薯压成泥，放进盘中造型成一个小山的样子。

4 淋上低脂酸奶，撒上备好的葡萄干、榛子仁碎即可。

Tips： 不要蒸得太久哦，薯泥水分太多会影响口感。

哪怕嘴上有些酸涩，但只要想起他（她），你的心中就会升起一丝温暖、一种安全感。

只是，那个他（她）会是谁呢?

柚子奶冻，就像恋爱的味道。

柚子奶冻

少女情怀总是诗，柚子奶冻最相知。总会有一种食物，能慰藉你此刻的心情，就像总会有一个人，会在未来无数的日日夜夜，等你归来。

材料：

琼脂棒40克，柠檬汁30毫升，牛奶200毫升，水、柚子肉、糖浸柚子皮各适量，薄荷叶少许

调料：

砂糖70克

做法：

1 琼脂凉水浸泡1小时，沥水放入锅中，加水煮至溶化，放入砂糖煮化。

2 加入牛奶搅匀，未煮开前熄火，再加入柚子肉、柠檬汁，煮好后倒入用水润湿过的平底模具中，放凉。

3 放入冰箱冷冻约2小时，待凝固将其取出，撒上糖浸柚子皮、薄荷叶即可。

Tips： 琼脂一定要充分泡开，以免影响口感。

\ 圣女果酸奶沙拉 /

圣女果酸奶沙拉

材料：

圣女果150克
橙子200克
雪梨180克
酸奶90毫升
葡萄干60克

调料：

核桃油10毫升，白糖2克

做法：

1 洗净的圣女果对半切开。

2 洗好的雪梨去皮，切块，去心。

3 洗净的橙子切成片，待用。

4 取一碗，倒入酸奶、白糖，淋入核桃油。

5 拌匀，制成沙拉酱，待用。

6 备一盘，四周摆上切好的橙子片。

7 放入切好的圣女果，摆上切好的雪梨。

8 浇上沙拉酱，撒上葡萄干即可。

白糖可依个人喜好适当增减用量。

酸奶樱桃冰沙

材料：樱桃150克，原味酸奶125毫升，柠檬1片，凉开水150毫升

调料：白糖20克

做法：

Step One

凉开水倒入冰格中，冷冻约5小时，冻成冰块，取出搅碎制成冰沙。

Step Two

榨汁机放入洗净的樱桃，倒入酸奶，撒上白糖，打碎。

Step Three

另取一个玻璃杯，铺上一层冰沙。

Step Four

倒入榨好的樱桃果汁，装饰上柠檬即可。

\ 酸汤水饺 /

材料： 水饺150克，过水紫菜30克，虾皮30克，葱花10克，油泼辣子20克，香菜5克

调料： 盐、鸡粉各2克，生抽4毫升，陈醋3毫升

做法：

Step One

锅中注入适量的清水大火烧开，放入备好的水饺。

Step Two

盖上锅盖，大火煮3分钟。

Step Three

取一个碗，放入盐、鸡粉。

Step Four

淋入生抽、陈醋，加入紫菜、虾皮、葱花、油泼辣子。

Step Five

揭开锅盖，将水饺盛出装入调好料的碗中。

Step Six

加入备好的香菜即可。

煮饺子时中途可加点凉水，饺子口感会更好。

“辣”么可爱的幸福味道

一个人，如何营造面红心跳，呼吸加速的情调？
那种令人遐想的味道，只从美食中感受到。
此间味，一生难忘，人间情又能与谁共享？

Part 3

辣酱与米饭的豪放相遇，一份声名在外的日常美味。
在不同的地域，衍生出的饮食口味有所不同：
韩式的辣酱，它既不同于湘式辣酱血性阳刚的香辣，也不同于
川式辣酱味厚连绵的麻辣，而是香醇可口的甜辣。
辣酱拌饭，只需三口，一口缠绵入舌，一口香甜透胃，
一口香醇倾心，三口过后，没准，你就会爱上它哦！

辣酱拌饭

倘若说中式辣酱从骨子到灵魂都是阳性的，像个粗狂汉子，那么韩式辣酱在本质上则是带有阴性的，如同小家女子，还是可以“调戏”一番的。

材料：

韩国蒜蓉辣酱25克，大米150克，鸡蛋40克，黄瓜片、油菜叶各适量

调料：

盐3克，芝麻油、食用油各少许

做法：

1 将浸泡30分钟的大米倒入电饭锅焖熟。

2 鸡蛋打入碗中，加入1克盐，拌匀，倒入油锅中将其炒熟，盛出待用。

3 锅中水烧开加入2克盐、黄瓜片、油菜叶，捞出装入碗中。

4 将辣椒酱、芝麻油加入米饭，搅拌匀装入碗中，摆上蔬菜、鸡蛋即可。

Tips： 一定要趁米饭热的时候拌制，这样会更加入味。

“辣”么可爱的盛宴，方才不负那么可爱的你。

一个人，也要好好吃饭，没有一点点辣味，又怎么表达我此刻的欢乐？一个人的自由，该尽兴时，就该尽兴，

哪怕香汗淋漓也要吃得开心。

自制麻辣鸡丝，我的幸福味道，我最懂！

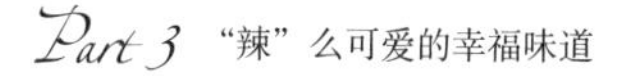

自制麻辣鸡丝

人生难得几回欢，千金难买笑开颜。一个人的快乐是一个人的洒脱。告别往昔时光，勇敢地追寻另一种超然。

材料：

熟鸡500克

调料：

粗辣椒粉15克，盐5克，咖喱粉4克，花椒粉3克，十三香适量

做法：

1 熟鸡去皮去骨撕成丝，与粗辣椒粉、咖喱粉、花椒粉、盐、十三香调料混合均匀，腌渍片刻。

2 将鸡丝铺在烤盘内，放入烤箱，用上下火160℃将鸡丝烤干。

3 将烤盘取出，装入碗中即可。

Tips： 烤制时可以在下面垫一层油纸，能很好地吸去多余的油分。

老豆腐炼成的贴心美味，愉悦心情的麻辣恋歌。
一块豆腐的成长史，就是千百颗黄豆的奋斗史。
想想往昔的日日夜夜，晚来的成功，
终究未曾辜负曾经的奋斗，不觉心情越发开朗。
美味来源于磨砺，用麻辣老豆腐，慰劳一路成长的自己，
最好不过！

麻辣老豆腐

你能想象生涩难咽的黄豆，z在加水磨碎后，制成老豆腐会是怎样的口感吗？

材料：

老豆腐250克，葱花4克，干辣椒8克，蒜蓉辣酱、花椒各适量

调料：

盐、食用油各适量

做法：

1 老豆腐洗净对半切开，再切厚片。

2 烧开清水放入豆腐，略煮片刻，将豆腐捞出，沥干装入碗中待用。

3 用油起锅放入干辣椒、花椒、葱花，爆香，豆腐放入锅内，快速翻炒匀。

4 加入蒜蓉辣酱、盐，翻炒调味，盛出装入盘子即可。

Tips： 氽豆腐时可加入少许盐，味道会更好。

从一碗普通的蛋包饭，到一碗咖喱蛋包饭的距离，
并不只是多了一块咖喱那么简单，
这里无论如何也少不了鸡腿肉与奶油的功劳。
如果你也想用鸡蛋做一道高大上的饭，
不妨试试这道咖喱蛋包饭，满满的都是幸福的味道哦！

咖喱蛋包饭

一碗咖喱蛋包饭，一个人的豪华大餐。
咖喱蛋包饭，一碗米饭的传奇。

材料：

咖喱块20克，鸡腿肉150克，鸡蛋150克，洋葱100克，胡萝卜100克，米饭200克

调料：

奶油、盐、食用油各少许

做法：

1 洋葱、胡萝卜、鸡腿肉均洗净切小块，锅内倒入洋葱炒香，加入鸡肉炒至变色，加入咖喱块、温水、胡萝卜，中火煮20分钟后收汁。

2 鸡蛋打入碗中，放盐拌匀摊成蛋皮，煎好后倒入米饭，出锅包起来装盘，浇入咖喱汁、奶油即可。

Tips： 蛋皮煎制时火不宜过大，以免蛋皮口感偏老。

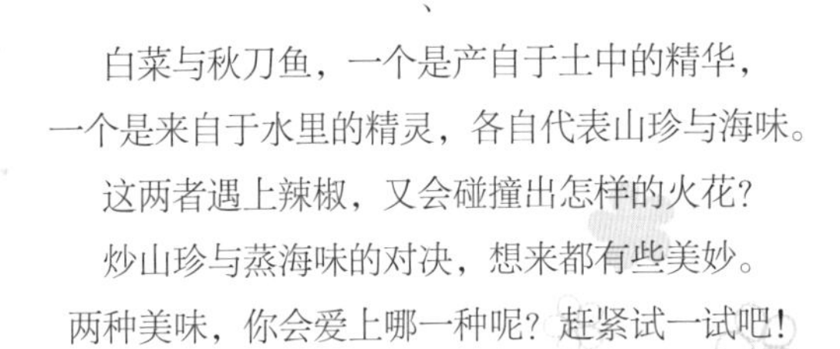

白菜与秋刀鱼，一个是产自于土中的精华，

一个是来自于水里的精灵，各自代表山珍与海味。

这两者遇上辣椒，又会碰撞出怎样的火花？

炒山珍与蒸海味的对决，想来都有些美妙。

两种美味，你会爱上哪一种呢？赶紧试一试吧！

辣白菜炒饭

材料:

凉米饭230克
培根100克
辣白菜120克
葱花、蒜末各少许

调料:

鸡粉2克，生抽3毫升，食用油适量

做法:

1 将备好的培根切成小块。

2 用油起锅，放入培根，炒匀，炒至变色。

3 倒入蒜末，炒香。

4 加入备好的辣白菜，炒匀。

5 倒入米饭，炒匀。

6 放生抽、鸡粉，炒匀。

7 放入葱花，炒匀。

8 将炒好的米饭盛出装入碗中即可。

先将培根炒香，这样炒出来的饭香味更加浓郁。

野山椒末蒸秋刀鱼

材料： 净秋刀鱼190克，泡小米椒45克，红椒圈15克，蒜末、葱花各少许

调料： 鸡粉2克，生粉12克，食用油适量

做法：

Step One

在秋刀鱼的两面都切上花刀，待用。

Step Two

泡小米椒剁成末，放入碗中，加入蒜末，放入鸡粉、生粉。

Step Three

注入适量食用油，拌匀，制成味汁，待用。

Step Four

秋刀鱼放入盘中，放入备好的味汁，铺匀，撒上红椒圈。

Step Five

秋刀鱼入蒸锅，大火蒸约8分钟，至食材熟透。

Step Six

关火后取出蒸好的秋刀鱼，撒上葱花，淋上少许热油即成。

秋刀鱼用少许柠檬汁腌渍一下，可以减轻泡小米椒辛辣的味道。

酸辣与麻辣的对决。
北方口味与南方口味的比拼，一个是素食主义的泡菜，一个是肉食主义的小卷。
一个有多开胃，另一个就有多下饭。水泡的酸辣与火炒的麻辣，你更爱那一个？

开胃茄子泡菜

材料：

茄子300克

韭菜80克

蒜头30克

葱10克

矿泉水400毫升

调料：

盐25克，白糖15克，白醋10毫升，辣椒粉6克

做法：

1 将洗净去皮的茄子切小块，浸水备用。

2 把洗好的韭菜、葱切成小段。

3 将沥干水的茄子放入碗中，加盐、白糖拌匀。

4 放入蒜头、辣椒粉拌匀，再放入韭菜、葱拌匀。

5 加入白醋，再倒入400毫升矿泉水，充分搅拌均匀。

6 将拌好的材料装入泡菜罐。

7 拧紧盖子，腌渍5天。

8 取碟子和泡菜罐，将腌渍好的泡菜夹入小碟子中即可食用。

茄子切开后应于盐水中浸泡，使其不被氧化，保持茄子的本色。

辣椒炒肉卷

材料： 青椒50克，红椒30克，肉卷100克，姜片、蒜末、葱白各少许

调料： 盐、味精、鸡粉、豆瓣酱、水淀粉、食用油、料酒各适量

做法：

Step One

将洗净的青椒切片，洗好的红椒切片，肉卷切片。

Step Two

热锅注油烧热，放入肉卷，炸至金黄色捞出。

Step Three

锅底留油，倒入姜片、蒜末、葱白爆香。

Step Four

放入青、红椒炒香，加肉卷，加盐、味精、鸡粉、豆瓣酱炒匀，加料酒炒匀。

Step Five

加入水淀粉勾芡， 翻炒均匀后盛出，装入盘中即可。

在烹饪尖椒时要掌握火候，因为维生素C不耐热，易被破坏，在铜器中更是如此，所以还要避免使用铜质餐具。

\ 青椒牛肉 /

材料:

牛肉200克
青椒30克
红椒20克
芹菜40克
蒜末、姜片、葱白
各适量

调料:

盐、味精、食粉、生抽、蚝油、老抽、料酒、水淀粉、食用油各适量

做法:

1 将洗净的青椒、红椒切片。

2 将洗净的牛肉切片，装入碗中。

3 加入食粉、生抽、盐、味精拌匀，再加入水淀粉拌匀，倒入少许食用油，拌匀，腌渍10分钟。

4 热锅注油，烧至四成热，倒入芹菜，滑油片刻捞出，再倒入牛肉，滑油片刻捞出。

5 热锅注油加蒜末、姜片、葱白、青、红椒炒香，倒入牛肉炒匀。

6 加入盐、味精、生抽、蚝油、老抽、料酒，翻炒约2分钟至熟。

7 加入水淀粉翻炒勾芡，炒匀，盛入盘内即可。

由于牛肉是用水淀粉腌渍过的，下锅煸炒时极易粘锅，应洒适量清水炒散，炒匀。

\ 辣炒八爪鱼 /

材料:

八爪鱼450克
洋葱100克
青辣椒25克
红辣椒20克
面粉14克
蒜末14克
葱末8克
姜末2克

调料:

盐6克，食用油13克，芝麻油适量，生抽6克，辣椒粉14克，辣椒酱19克，糖4克，白胡椒粉1克

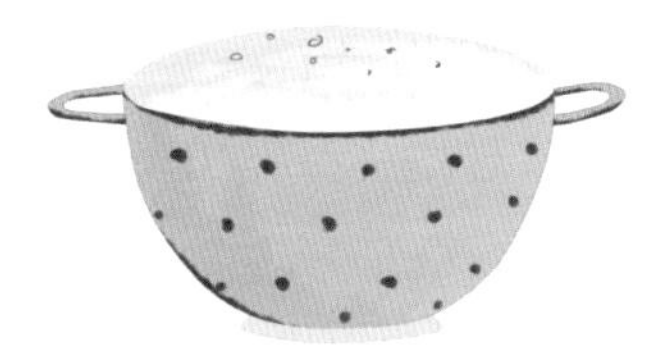

做法:

1 红辣椒、青辣椒分别洗净斜切成圈，洋葱洗净切成丝，装碗待用。

2 八爪鱼对半切开，用清水冲洗掉内脏与眼睛，装碗撒入盐、面粉搓去腥味，用清水冲洗干净。

3 葱末、姜末、蒜末、辣椒酱、生抽、糖、芝麻油、白胡椒粉、辣椒粉装入碗中拌匀，做成酱料。

4 热锅注油加入洋葱丝，爆香，再放入八爪鱼炒香。

5 加入调好的酱料，炒匀，再放入青、红辣椒圈，炒1分钟左右，淋入芝麻油再拌炒入味。

6 出锅，盛入盘中即可。

八爪鱼表面有很多黏液，一定要彻底清洗干净，并把内脏完全掏洗干净。

\ 红油牛百叶 /

材料:

牛百叶350克
香菜25克
大蒜、红椒各少许

调料:

辣椒油35毫升，盐、味精、陈醋、芝麻油、食用油各适量

做法:

1 大蒜洗净剁成蒜蓉。

2 香菜洗净，切碎。

3 红椒洗净，切丝。

4 锅中倒入适量清水，加少许食用油烧开。

5 加适量盐，倒入牛百叶拌匀，汆水约1分钟至熟。

6 捞出装入碗内，将大蒜、红椒丝、香菜倒入碗中。

7 加辣椒油、味精搅拌匀。

8 倒入陈醋、芝麻油，拌匀即成。

烹煮牛百叶时，以水温80℃入锅最合适，烹煮时间不宜过长，否则牛百叶会越煮越老。

辣炒鸭丁，夜猫子的安神夜宵。

如果你无辣不欢，关键时刻，

不会做菜都是白搭。

不如提前准备一只鸭，想吃的时候做了它。

最简单的，往往也是最美味的。

辣炒鸭丁，一道最简单的美味！

辣炒鸭丁

一个人在家，总难免有半夜
想吃夜宵的时候，出去外面吃？
想想还是算了吧！
夜间冷，吃些辣的暖暖身子。

材料：

鸭肉350克，朝天椒25克，干辣椒10克，姜片、葱段各少许

调料：

盐、料酒、味精、蚝油、水淀粉、辣椒酱、辣椒油、食用油各适量

做法：

1 鸭肉洗净斩丁，朝天椒洗净切圈。

2 用油起锅，倒入鸭丁炒香，加料酒、盐、味精、蚝油，翻炒至熟。

3 倒入清水，加辣椒酱炒匀，倒入姜片、葱段、朝天椒、干辣椒炒香。

4 加入水淀粉、辣椒油拌匀，关火，将炒好的菜盛出，装入盘子即可。

Tips：腌渍鸭肉时，加入少许白酒，更易去除鸭腥味。

“鲜”天美味

越长大，越明白，越是原始的滋味，越弥足珍贵。历经人情冷暖，多少人依旧能保持自己的本心。愿陪伴你一生的人，比它更能懂得你。

Part 4

芝士汉堡排，一个人的浪漫享受。

一个人也可以很浪漫，在独自行走的时候，

还有独自吃东西的时候。

你选择了什么样的食物，就选择了什么样的情调。

不是所有人都会吃牛排，也不是所有人都知道芝士汉堡排。

当你决定烹饪芝士汉堡排的时候，你就已经在浪漫的路上。

\ 芝士汉堡排 /

材料:

肉饼

牛绞肉 250克

猪绞肉 100克

洋葱 150克

鸡蛋40克

面粉 4克

面包糠 20克

盐 4克

黄油25克

芝士 10克

黑胡椒碎、熟胡萝卜、熟四季豆、食用油各适量

酱汁:

白葡萄酒15毫升

洋葱碎100克

蒜泥8克

生抽8毫升

番茄酱20克

味啉10毫升

醋5毫升

黑胡椒碎2克

做法:

1 洗净的洋葱切成碎末。

2 热锅倒入黄油煮熔化，倒入适量洋葱碎末炒出香味，放凉后倒入面粉中，混合匀。

3 两种绞肉装入碗中，加入盐、黑胡椒碎、面包糠，搅拌匀，放入炒熟的洋葱末、鸡蛋，顺时针搅拌。

4 绞肉制成肉排，轻轻拍打，拍扁后放置于烘焙纸上，放入冰箱冷藏15分钟后取出。

5 平底锅烧热后倒少许油，放入汉堡排，中火煎1分半钟，翻面后再煎1分钟，5分钟后关火，盖上盖继续焖约2分钟，让肉熟透，将汉堡排盛入盘中，摆上芝士。

6 平底锅烧热，倒入白葡萄酒，加入洋葱碎、蒜泥、生抽、番茄酱、味啉、醋及水，炖煮约2分钟至酱汁浓稠。

7 放入黑胡椒碎，搅拌匀制成酱汁，直接浇在肉饼上，配上胡萝卜、四季豆即可。

\ 无油脆皮鸡翅 /

材料:

鸡中翅300克

蛋黄2个

玉米片适量

调料:

椒盐粉、盐各适量，黑椒粉、生粉、鸡粉、生抽各少许

做法:

1 洗净的鸡翅用刀在背面划两刀。

2 将鸡翅放入容器中，调入盐、鸡粉、生抽、椒盐粉、黑椒粉和生粉，用手抓匀，静置30分钟入味。

3 玉米片用擀面棍压碎备用。

4 取一个容器，打入两个蛋黄，放入玉米碎，拌匀。

5 将鸡翅的两面分别裹上玉米碎，放入不粘烤盘中。

6 放入烤箱中层，以上下火220℃烤15分钟。

7 取出翻面，送入烤箱中层，上下火220℃烤15分钟，取出即可。

玉米片也可用麦片代替。

\ 迷迭香烤土豆 /

材料：

小土豆200克
香芹碎、
迷迭香各适量

调料：

橄榄油20毫升，盐、黑胡椒碎粒各适量

做法：

1 热锅注水烧开加入盐，放入洗净的小土豆，大火煮10分钟。

2 将煮好的土豆取出，放凉。

3 准备一个烤盘，均匀地倒入橄榄油，然后放入小土豆。

4 用叉子或其他工具将土豆纵向压一下，然后再横向压一下。

5 然后在压开花的土豆表面，先刷上橄榄油。

6 撒上盐、黑胡椒碎粒、迷迭香、香芹碎。

7 然后放入预热好的烤箱，以180℃烤50分钟，烤至表面金黄，取出即可。

小土豆最好不要去皮，这样味道会更香脆。

\ 鹰嘴豆泥小丸子 /

材料： 干鹰嘴豆200克，洋葱碎50克，蒜末10克，新鲜欧芹碎5克，新鲜香菜碎3克

调料： 孜然4克，发酵粉、盐各2克，食用油、黑胡椒碎各适量

做法：

Step One

鹰嘴豆在水中浸泡4小时，捞出放入搅碎机中打制成泥。

Step Two

豆泥装入碗中，加入洋葱碎、蒜末、欧芹碎、香菜碎、孜然、发酵粉、盐。

Step Three

撒入黑胡椒碎，充分搅拌均匀，直到成粗大的面团。

Step Four

豆泥团静置半小时发酵，再取适量豆泥捏成丸子。

Step Five

锅中倒入食用油，加热到180℃。

Step Six

将丸子放入热油中，稍稍搅拌。

Step Seven

当丸子成金黄色时用漏勺将丸子取出即可。

炸丸子时最好多搅拌，受热会更均匀。

苏格兰蛋，爱的美味“炸弹”。

将普通的食材，做成不普通的美味，想想都幸福满满。

鸡蛋，当今世上最常见的食材之一，

它可以怎样吃，不同的人，有不同的见解。

在苏格兰，鸡蛋就有一种非常经典的吃法，就是在鸡蛋的外面

裹上一层肉糜，做成口感丰富的“鲜”甜美味。

苏格兰蛋

材料:

去壳水煮鸡蛋150克
鸡蛋液40毫升
面粉、面包糠、
生香肠各适量

调料:

盐2克，黑胡椒碎4克，食用油适量

做法:

1 将买来的生香肠的肠衣去除，取出里面的肉糜。

2 将盐、黑胡椒碎加入肉糜内，搅拌均匀。

3 用肉糜将熟鸡蛋包裹均匀，形成一个光滑的肉丸。

4 将肉丸表面拍上面粉，裹上一层蛋液，再裹上一层面包糠。

5 锅中注入适量食用油烧热，放入肉丸。

6 轻轻搅动，待表面炸成金黄色，将其捞出，沥干油分即可。

熟鸡蛋不宜煮得过熟，溏心蛋会更好吃。

清酒煮蛤蜊

材料：蛤蜊500克，干红辣椒5克，小葱20克，蒜瓣适量

调料：生抽7毫升，清酒300毫升，黄油15克，食用油适量

做法：

Step One

将吐净沙粒的蛤蜊搓去掉表面脏物，反复冲洗几遍。

Step Two

干红椒洗净从中间撕断，挤出里面的籽。

Step Three

蒜瓣用刀背拍扁；小葱洗净，切小段。

Step Four

油锅烧热后，放入干红辣椒、蒜，煸香，放入蛤蜊、清酒，加盖焖煮。

Step Five

蛤蜊壳煮开，放入黄油、生抽，搅匀，撒入小葱，盛出即可。

\ 紫菜包饭 /

材料： 紫菜1张，黄瓜120克，胡萝卜100克，鸡蛋40克，酸萝卜粒90克，糯米饭300克

调料： 鸡粉2克，盐5克，寿司醋4毫升，食用油适量

做法：

Step One

洗净的胡萝卜、黄瓜，切条。

Step Two

鸡蛋打入碗中，放入1克盐，打散调匀。

Step Three

热锅注油，倒入蛋液制成蛋皮，取出放凉，切成条。

Step Four

锅中注入水，放入鸡粉、2克盐，倒入适量食用油。

Step Five

放入胡萝卜、黄瓜搅散，煮1分钟至断生，捞出沥干。

Step Six

将糯米饭倒入碗中，加入寿司醋、2克盐，搅拌匀。

Step Seven

竹帘摆放上紫菜，铺上米饭、胡萝卜、黄瓜、酸萝卜、蛋皮，卷起竹帘，压成紫菜包饭，再切成大小一致的段，装入盘中即可。

制作紫菜包饭时，米饭一定要铺匀，这样做出来的成品才美观。

\ 海鲜豆腐汤 /

材料：

虾仁100克

净鱿鱼200克

豆腐300克

蛤蜊100克

姜片、葱花各少许

调料：

盐、味精、胡椒粉、鸡粉各3克，料酒10毫升，韩式辣椒酱、食用油各适量

做法：

1 鱿鱼打上十字花刀，切成片，洗好的虾仁背部切开；豆腐切块。

2 虾仁、鱿鱼装入盘中，加入料酒、1克盐，抓匀，腌渍片刻。

3 锅中注入清水烧开，倒入虾仁和鱿鱼，汆烫片刻，捞出，沥干水分，装入盘中备用。

4 注油烧热，下入姜片爆香，注入清水烧开，放入蛤蜊、豆腐块，烧开调入2克盐、味精、鸡粉。

5 倒入虾仁、鱿鱼，拌匀，煮约1分钟，放入韩式辣椒酱，再撒入胡椒粉、葱花，搅拌片刻煮至入味。

6 将煮好的海鲜汤盛入烧热的石锅中即可。

烹饪鱿鱼时，不要急于出锅，应将其煮熟、煮透。若未煮透就食用，会导致肠运动失调。

\ 鲜菇蒸土鸡 /

材料：

土鸡块250克
葱段10克
姜丝5克
平菇80克

调料：

生抽5毫升，料酒7毫升，生粉8克，盐3克

做法：

1 土鸡块装入碗中，加入料酒、姜丝、葱段。

2 放入生抽、盐，搅拌匀，腌渍15分钟至入味。

3 倒入备好的生粉，搅拌均匀。

4 将平菇洗净撕碎，铺在鸡块上。

5 备好电蒸锅烧开，放入土鸡肉。

6 盖上锅盖，大火蒸30分钟至熟。

7 掀开锅盖，将鸡肉取出。

8 将土鸡肉倒扣在盘中即可。

土鸡也可以焯一道水，口感会更鲜美。

\ 芦笋鲜蘑菇炒肉丝 /

材料:

芦笋75克

口蘑60克

猪肉110克

蒜末少许

调料:

盐、鸡粉各3克，料酒5毫升，水淀粉、食用油各适量

做法:

1 口蘑、芦笋洗净分别切成条形。

2 猪肉洗净切成细丝，装入碗中，加入1克盐、1克鸡粉，倒入水淀粉，拌匀，淋入食用油，腌渍10分钟。

3 锅中倒入清水烧开，加入1克盐、口蘑，淋入食用油，再倒入芦笋拌匀，煮约1分钟至断生，捞出。

4 热锅注油，倒入肉丝，滑油至变色，捞出肉丝。

5 锅留油烧热，倒入蒜末炒香，倒入焯过水的食材和肉丝，加入料酒、1克盐、2克鸡粉，炒匀，加入水淀粉，翻炒至入味，盛出即可。

宜将芦笋根部的老皮去除，这样口感会更好。

\ 醋椒黄花鱼 /

材料:

净黄花鱼300克

香菜12克

姜丝、蒜末各少许

调料:

盐、白糖各4克，生抽、料酒、陈醋各7毫升，鸡粉、食用油、水淀粉各适量

做法:

1 黄花鱼身两面打上花刀，装入盘中抹上2克盐，腌渍去鱼腥味后，将黄花鱼放入油锅中，中火炸1分钟至八成熟，捞出。

2 洗净的香菜切成小段。

3 锅底留油，放入姜丝、蒜末，爆香，淋入料酒、清水、陈醋，搅拌匀，煮⊠加入2克盐、白糖、鸡粉、生抽，略煮，放入黄花鱼，盖上盖，小火煮至入味。

4 开盖，盛出黄花鱼，锅中留汁烧热，倒入水淀粉调成汁，浇在鱼上，再撒上香菜即成。

在黄花鱼上打花刀时不可切得太深，以免炸的时候将其肉质炸散了。

\ 香煎黄脚立 /

材料:

黄脚立鱼200克
姜片15克
葱叶8克
紫甘蓝丝、葱丝各少许

调料:

盐、鸡粉各2克，生抽、料酒、食用油各适量

做法:

1 将处理干净的黄脚立鱼装入碗中。

2 放入备好的姜片、葱叶。

3 加入适量生抽、盐、鸡粉，再淋入料酒，抓匀，腌渍15分钟至入味。

4 煎锅注油烧热，放入黄脚立鱼，煎约1分钟，至散出香味。

5 将黄脚立鱼翻面，继续煎1分半钟。

6 翻面，继续煎至两面都呈金黄色。

7 把煎好的黄脚立鱼盛入盘中。

8 用紫甘蓝围边，再撒上葱丝即成。

煎黄脚立时要用小火，还应控制好时间，以免煎煳。

\ 红烧多宝鱼 /

材料:

净多宝鱼550克
水发香菇35克
姜丝、蒜末、
红椒丝、葱丝、
葱段各少许

调料:

盐3克，鸡粉2克，生粉少许，老抽3毫升，生抽5毫升，料酒6毫升，豆瓣酱8克，水淀粉、食用油各适量

做法:

1 香菇洗净切丝；多宝鱼装入大碗中，加入1克盐、1克鸡粉、2毫升生抽、3毫升料酒抹匀，腌渍约15分钟至入味，再裹上生粉。

2 热锅注油，放入多宝鱼炸约3分钟至熟透后捞出，沥干油。

3 锅底留油，放入蒜末、葱段、姜丝、红椒丝爆香，倒入香菇炒匀，淋入3毫升料酒炒透，加入清水、2克盐、1克鸡粉、3毫升生抽、老抽、豆瓣酱搅匀，煮至汤汁沸腾。

4 倒入多宝鱼煮约2分钟至入味，捞出装盘，汤汁继续烧热，倒入水淀粉制成味汁，关火盛出浇在鱼身上，用葱丝点缀即可。

炸多宝鱼时，不宜用大火，以免将鱼肉炸焦了。

\ 火腿鲜菇 /

材料:

鲜香菇65克
火腿90克
姜片、蒜末、葱叶、
葱段各少许

调料:

料酒5毫升
生抽3毫升
盐3克
鸡粉4克
水淀粉、
食用油各适量

炸火腿时油温不要太高，以免炸煳。

做法:

1 洗好的香菇用斜刀切成片。

2 洗净的火腿切成菱形片。

3 锅中注入适量清水烧开，加入1克盐、2克鸡粉，倒入香菇，搅拌匀，煮约半分钟。

4 热锅注油，烧至四成热，倒入火腿片，搅匀，炸半分钟，捞出炸好的火腿，沥干油，备用。

5 锅底留油烧热，倒入姜片、蒜末、葱段，爆香，放入香菇，快速翻炒均匀。

6 淋入料酒，倒入火腿片，炒匀，加入生抽，翻炒匀，加入2克盐、2克鸡粉。

7 倒入少许清水，翻炒片刻至入味，再淋入适量水淀粉，撒上葱叶。

8 快速翻炒匀，至食材入味，关火后将炒好的食材盛出，装入盘中即可。

一个人的多彩周末

无论你约会或不约会，
姑娘都要好好地照顾自己。
会生活的女子，更易遇到自己的真命天子。
生活中，唯美食与爱，不可辜负，
学会用美食慰籍自己。

Part 5

\ 感受英式菜的惬意：牧羊人派 /

材料:

肉末350克
洋葱粒300克
大蒜末15克
番茄320克
土豆400克
黄油30克
牛奶40克

调料:

综合香草1/2小勺，黑胡椒碎1/2小勺，食用油10毫升，盐、糖、胡椒粉各适量，番茄酱20克，红酒15毫升

做法:

1 番茄洗净汆烫去皮切小丁，锅内注油烧热，倒入洋葱、蒜末炒香后，放入肉末翻炒至变色，倒入番茄丁炒软。

2 加入番茄酱、红酒、综合香草、黑胡椒碎、热水拌匀炖30分钟，加盐、糖，大火把汤汁收浓稠。

3 土豆洗净蒸熟去皮，压成泥，加黄油、牛奶、盐、胡椒粉拌匀。

4 派盘内用肉酱垫底，用土豆泥覆盖住肉酱，用叉子在表面刮划出纹路，放入预热好的烤箱中。

5 上下火200℃烤约30分钟至表面微焦上色，烤好将其取出即可。

此派所用的肉，鸡肉、猪肉、牛肉、羊肉皆可，土豆泥不必太细，保持颗粒状口感更佳。

\ 做面配饭两不误：番茄牛肉 /

材料： 牛腿肉500克，番茄、姜片各15克，干辣椒20克，花椒3克，葱段10克

调料： 熟菜油500毫升，白糖10克，酱油20毫升，精盐8克，甜酒酿50毫升，鲜汤250毫升，芝麻油10毫升，绍酒5毫升，味精少许

做法：

Step One

牛肉洗净切成片，放入碗中，加4克精盐、绍酒、姜片、葱段拌匀，腌渍约半小时，拣去葱、姜。

Step Two

干辣椒洗净切成长段，番茄切成小片。

Step Three

炒锅烧热，舀入菜油烧至七成熟，放入牛肉片炸至棕褐色，捞出沥油。

Step Four

锅内留油烧至四成热，放入干辣椒、花椒炸香成棕红色。

Step Five

放入番茄炒出香味，加入鲜汤，放入牛肉、4克精盐、酱油烧沸。

Step Six

用旺火收稠卤汁，加入酒酿、白糖、味精、芝麻油即可。

烹调番茄的时间不宜过长，烹调时可加少许醋，能有效地破坏其所含的有害物质番茄碱。

\ 开胃养颜好菜：番茄鱼 /

材料:

鲤鱼450克

番茄100克

猪肉馅50克

蒜末、姜末、香菜叶各适量

工具:

盐2克，醋3毫升，生抽2毫升，料酒2毫升，胡椒粉1克，面粉30克，鸡粉2克，花椒、八角、食用油各适量

做法:

1 把鲤鱼处理洗净，切成大块装入碗中，放入胡椒粉、料酒，拌匀腌渍半小时。

2 番茄洗净去掉皮，切成块状。

3 把鱼块的两面都裹上干面粉，然后抖掉多余的面粉。

4 热锅注油烧热，把鱼块放入油锅里炸成金黄色，捞出沥干油分。

5 炒锅注油，放入花椒、八角，爆香，倒入猪肉馅翻炒至变色，然后倒入蒜末、姜末，快速炒香。

6 加入番茄块翻炒，加入盐，翻炒至番茄出汁，把炸好的鱼块倒入翻炒，加醋、生抽、鸡粉，翻炒调味，将炒好的鱼块盛出装入碗中，摆上香菜叶即可。

白糖和白醋随个人喜好选择加入量。

\ 新疆风味：美味大盘鸡 /

材料：鸡肉750克，土豆300克，姜片15克，青椒片30克，干辣椒7克，桂皮、八角、花椒、葱、大蒜各少许

调料：盐4克，蚝油15毫升，糖色、啤酒、食用油各适量

做法：

Step One

土豆洗净去皮切小块；鸡肉洗净斩块；洗净的葱切成段；大蒜去皮后洗净拍扁。

Step Two

热油起锅，倒入鸡块炒至断生，加少许糖色炒匀，倒入姜片、葱段、蒜末、干辣椒、花椒、桂皮、八角翻炒出香味，加入啤酒、清水煮沸。

Step Three

倒入土豆块搅拌片刻，加盖焖煮8分钟至鸡肉和土豆熟透，揭盖，加盐、蚝油，搅拌调味，大火收汁，放入青椒片炒熟，撒入葱段拌匀，盛出装盘即可。

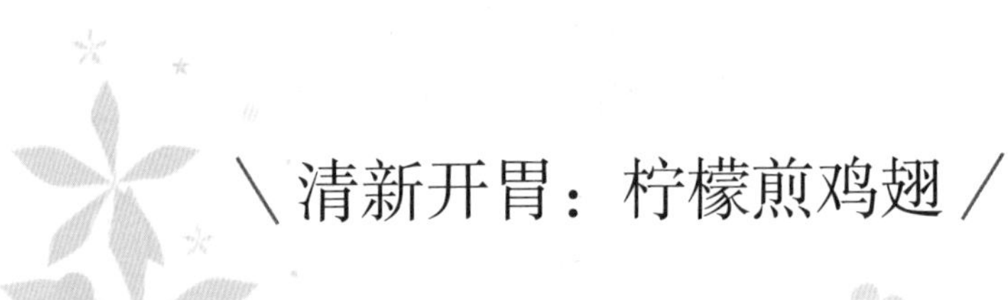

\ 清新开胃：柠檬煎鸡翅 /

材料:

鸡翅250克
青橘30克

调料:

白糖15克，生抽10毫升，盐、蜂蜜、青柠檬汁、柠檬汁、食用油各适量。

做法:

1 鸡翅洗净切纹后，撒一层盐、倒入柠檬汁，腌渍2小时。

2 青橘用盐水揉搓洗净，切瓣去籽备用。

3 热锅加入少许油，小火将鸡翅煎至两面微黄。

4 将煎好的鸡翅盛出，装入盘中。

5 将锅中多余的油倒出，加入生抽、水，翻炒后加入白糖、青柠檬汁和青橘。

6 继续翻炒，待锅中汁水熬干之后，加入蜂蜜，翻炒两下，将酱汁滤出装入碗中。

7 将调制的酱汁浇在鸡翅上即可。

锅要烧热再加入油，这样鸡翅不易粘底，可以让它的外形更美观。

\ 就爱这一口：酸汤肥牛 /

材料:

肥牛片250克
金针菇或千张丝125克
青尖椒圈15克
红尖椒圈30克
海南黄灯笼辣椒酱100克
蒜碎、姜片各适量

调料:

白醋5毫升
料酒10毫升
盐2克
糖3克
高汤、食用油各适量

这道菜里最关键的调料要数海南黄灯笼辣椒酱啦，没有它，煮不出那金灿灿的汤汁哦。

做法:

1 将金针菇或千张丝洗净，放入加了几滴油的开水锅中烫熟，滤干水份放入碗中铺好。

2 炒锅内倒入少量油，烧至六成热后，放入姜片、蒜碎爆香。

3 放入黄灯笼辣椒酱翻炒一分钟，加入高汤、料酒大火煮开。

4 用网筛滤掉锅内的料渣，放入肥牛片，加入盐、糖煮开，将煮出的浮沫也用网筛滤掉。

5 待肥牛煮熟后，淋上白醋，关火，将其倒入铺了金针菇或千张丝的盘中。

6 撒上青、红尖椒圈点缀，最后烧少量热油淋在青、红尖椒圈上即可。

\ 辣辣爽爽：泡椒凤爪 /

材料:

鸡爪500克
生姜片17克
葱段13克
朝天椒8克
泡小米椒142克
蒜15克

调料:

盐3克，料酒3毫升，米酒20毫升，花椒2克，白醋3毫升，白糖10克

做法:

1 蒜头洗净去皮；朝天椒去蒂洗净，切圈。

2 把蒜、朝天椒、葱段、生姜放入碗中，放入泡小米椒、米酒、白醋、花椒、盐、白糖、400毫升凉开水，制成泡椒汁。

3 鸡爪去指尖，切成两半，放入清水里浸泡1个小时，去除血水。

4 鸡爪捞出沥干，放入沸水中，注入料酒，拌匀，煮10分钟至熟透，将浮沫撇去，捞出放入碗中，注入凉水冲洗油脂。

5 沥干水后放入泡椒调料汁中，封上保鲜膜，浸泡1个小时，夹出鸡爪即可享用。

浸泡鸡爪的泡椒汁应没过鸡爪，这样才能完全吸收酸咸辣味。

＼好吃又养颜：牛肉豆花／

材料:

牛肉片300克
豆腐400克
水发香菇50克

调料:

料酒2毫升，生抽3毫升，白糖4克，胡椒粉2克，生粉5克，盐3克，蚝油、食用油、辣酱各适量

做法:

1 把豆腐放入蒸锅蒸4分钟，滤掉水份。

2 把浸泡好的香菇切成末。

3 处理好的牛肉剁成末，并将其装入碗中。

4 放入料酒、白糖、生抽、蚝油、胡椒粉、生粉、盐，搅拌均匀，腌制5分钟。

5 热锅注油烧热，依次放入香菇、牛肉末、辣酱，注入少量水快速炒匀。

6 把炒匀的酱料倒入蒸好的豆腐上拌匀即可。

牛肉末可以多腌渍片刻，口味会更佳。

＼简单又如意：糖醋里脊／

材料:

猪里脊300克
鸡蛋1个

调料:

盐3克，白糖30克，生粉50克，番茄酱30克，白醋10毫升,食用油适量

做法:

1 猪里脊肉洗净切成条。

2 鸡蛋入碗打散，再倒入生粉，搅拌均匀，加入食用油，放入猪里脊肉，搅拌均匀，腌渍10分钟。

3 将盐、白糖、白醋、清水、番茄酱装入碗中，拌匀制成酱汁。

4 热锅注油烧至六成热，放入里脊肉，炸至金黄色后将里脊肉捞出。

5 待油温再次升高，将里脊肉再次放入，复炸一遍至酥脆，捞出。

6 锅底留油，加入酱汁，搅拌一会儿，加入适量食用油拌匀，煮至浓稠，将炸好的里脊肉倒入，使其沾上酱汁，炒匀后将炒好的菜肴盛入盘中即可。

腌渍好的里脊肉上生粉时，要有耐心，滚过生粉之后再抖抖，慢慢抖掉多余的生粉。

\ 冬季暖歌：白萝卜炖羊排 /

材料:

羊排段350克
白萝卜180克
枸杞12克
姜片、葱段、
八角、香菜碎各少许

调料:

盐3克
鸡粉、胡椒粉各2克
料酒6毫升
食用油适量

炖此菜时可放入少许陈皮，能减轻羊肉的膻味。

做法:

1 将洗净去皮的白萝卜切滚刀块。

2 锅中注入适量清水烧开，放入洗净的羊排段，搅匀。

3 汆煮一会儿，去除血水后捞出，沥干水分，待用。

4 用油起锅，撒上姜片、葱段、八角，翻炒爆香。

5 倒入汆过水的羊排段，炒匀，淋入料酒，炒出香味。

6 注入适量清水，倒入白萝卜块，搅匀，撒上备好的枸杞。

7 盖上盖，烧开后转小火煮约50分钟，至食材熟透。

8 揭盖，加入盐、鸡粉，撒上胡椒粉，搅匀，续煮一会儿，至汤汁入味。

9 关火后盛入碗中，点缀上香菜碎即可。

\ 口口都是诱惑：台湾麻油鸡 /

材料:

鸡胸肉350克
鲜香菇30克
姜片、香菜叶各少许

调料:

盐、鸡粉各1克，芝麻油适量

做法:

1 洗净的鸡胸肉从中间切成两片，两面各划上一字刀且不切断。

2 香菇洗净去蒂，切成两块待用。

3 锅内倒入芝麻油烧热，放入鸡胸肉，煎约1分钟至底面变白，翻面，煎约2分钟至两面焦黄。

4 盛出鸡胸肉，放在砧板上切块。

5 砂锅注入适量清水，放入姜片、鸡胸肉块、香菇，搅匀。

6 加盖，用大火煮开后转小火煮20分钟至食材熟软。

7 揭盖，加入盐、鸡粉，拌匀调味，稍煮片刻至入味，关火后盛入碗中，放上香菜叶即可。

煎鸡胸肉时可放入姜片爆香以去腥提鲜。

\ 能量满分：热力三明治 /

材料：烟熏火腿40克，生菜20克，吐司20克，马苏里拉芝士2片

调料：黄油20克

做法：

Step One

烟熏火腿切成片，待用。

Step Two

洗净的生菜切段，待用。

Step Three

将吐司四周修整齐，待用。

Step Four

热锅放入黄油加热使其熔化， 放入两片吐司，快速放上火腿片。

Step Five

放入两片马苏里拉芝士。

Step Six

再放入火腿片，生菜叶。

Step Seven

将两片三明治往中间一夹，煎至表面呈金黄色。

Step Eight

将煎好的三明治盛出，对角切开即可。

煎吐司时温度不宜过高，以免吐司煎煳。

\ 神奇的美味：怪味鸡丝 /

材料:

鸡胸肉160克

绿豆芽55克

姜末、葱末各少许

调料:

芝麻酱5克，鸡粉、盐各2克，生抽5毫升，白糖3克，陈醋6毫升，辣椒油10毫升，花椒油7毫升

做法:

1 锅中注入清水烧开，倒入备好的鸡胸肉，用小火煮15分钟。

2 揭开盖，捞出鸡胸肉，放凉切成粗丝。

3 锅中注入清水烧开，倒入洗好的绿豆芽，煮至断生，捞出沥干。

4 将鸡肉丝放在绿豆芽上，摆好。

5 芝麻酱、鸡粉、盐、生抽、白糖放入碗中，倒入陈醋、辣椒油、花椒油，拌匀。

6 倒入姜末、葱末，拌匀，调成味汁，再浇在食材上即可。

绿豆芽不宜煮太久，以八九分熟为佳。

彩丝鲜虾卷，别有情调的异国风味。
晶莹透剔的春卷皮，裹住鲜红的虾仁，夹着水嫩的香菜头，
世间所谓的秀色可餐，大概也就是这个样子，
谁又能经得住这样的诱惑呢？

异国风味：彩丝鲜虾卷

宛若刚出浴的美人，裹着浴巾，
在阳光的照射下，
散发出如同彩虹一样绚丽的
色彩和撩动人心的香气。

材料：

熟虾仁80克，生菜、芦笋、木瓜各40克，粉丝30克，春卷米纸10张，大蒜碎、薄荷叶各适量

调料：

鱼露、干白各10毫升，盐2克，白糖3克，柠檬汁适量

做法：

1 粉丝泡熟，木瓜去籽切条，生菜手撕成条，薄荷叶切碎，芦笋切成丝，春卷米纸放冷水泡5分钟。

2 生菜、粉丝、熟虾仁、薄荷碎放入铺有米纸的盘子上制成米纸卷。

3 鱼露、干白、盐、大蒜碎装入碗中，加入柠檬汁、白糖、清水调匀制成蘸酱，即可食用。

Tips：.米纸卷冷藏半小时再吃，口感更清爽。

\ 辛香的魅惑：红葱头鸡 /

材料:

鸡腿肉270克

红葱头60克

生姜30克

调料:

盐、鸡粉各少许，食用油适量

做法:

1 红葱头洗净切细末。

2 生姜洗净切片，改切成末。

3 取一味碟，倒入红葱末、姜末，拌匀。

4 盛入少许热油，加入鸡粉、盐，拌匀调成味汁。

5 锅中注入适量清水烧开，放入洗净的鸡腿，盖上盖，用中小火煮约15分钟，至食材熟透。

6 揭盖，关火后捞出材料，浸入凉开水中，去除油脂。

7 取出鸡腿，沥干水分。

8 放凉后切成小块，摆放在盘中。

9 最后均匀地浇上味汁即可。

盛出菜肴前最好掠去浮油，这样食用时就不会太油腻了。

＼主食的奇妙搭配：拉面炒年糕／

材料：

拉面250克
年糕200克
鱼饼100克
蒜末10克
葱段15克
洋葱50克
熟鸡蛋1个

调料：

麦芽糖适量
韩式辣酱10克
熟黑芝麻5克
芝士粉5克
盐3克

宜用小火烤制，这样能使年糕内外受热均匀。

做法：

1 洗净的洋葱切成小块，待用。

2 备好的鱼饼切成片，待用。

3 备好的熟鸡蛋去壳后对半切开，待用。

4 热锅注水煮沸，放入拉面，煮3分钟至熟。

5 将煮好的面条捞起，过一下凉水，待用。

6 热锅注水，放入韩式辣酱、麦芽糖，搅拌均匀。

7 煮至沸腾，放入年糕、鱼饼片，搅拌均匀。

8 煮到年糕变软后，放入蒜末、盐，搅拌入味。

9 放入洋葱块、拉面，翻炒到汤汁浓稠。

10 关火，将煮好的食材盛至备好的碗中。

11 放入鸡蛋，撒上芝士粉、黑芝麻、葱段即可。

\ 云贵风味的热菜：苗王鱼 /

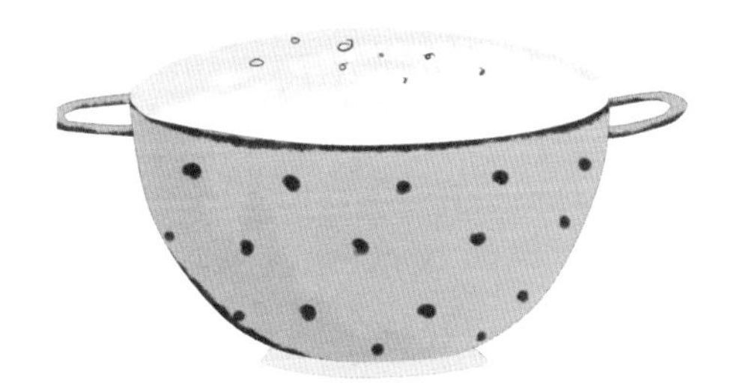

材料:

鲤鱼500克
圆椒50克
番茄110克
贵州酸汤200毫升
薄荷叶15克
葱花15克
姜末15克
蒜末15克
花椒10克

调料:

料酒6毫升
盐3克
鸡粉2克
白糖3克
食用油适量

做法:

1 洗净的圆椒切开去籽切成条，切粒。

2 处理干净的薄荷叶细细切碎。

3 洗净的番茄对切开，去蒂切片，切条，再改切粒。

4 处理好的鲤鱼分切成头、身、尾三部分，在两面切上花刀。

5 热锅倒入酸汤，再注入适量的清水。

6 加入花椒、鱼，放入料酒、1克盐、拌匀。

7 盖上锅盖，煮开后转小火煮8分钟至熟。

8 揭开盖，将煮好的鱼捞出，装入盘中。

9 取一个碗，放圆椒、葱花、蒜末、姜末、薄荷碎，加入2克盐、鸡粉、白糖、食用油。

10 盛出些许鱼汤加入碗中，拌匀制成酱汁。

11 将酱汁浇在鱼身上，倒入番茄即可。

芒果班戟，传说中诗情画意般的美味。

光看在眼里，就能开启美好的心情，激发一天的活力；吃在口中，更能慰藉身心的伤痛，爱上自己周遭的世界。

你想象有多美好，它的味道就有多美妙，芒果、橙汁、牛奶，配上黄油、巧克力酱，天衣无缝般的结合，造就其柔若无骨的细腻，入口即化的香甜。

只需轻轻一口，便让你的心舒畅地飞起来。

\ 百搭甜品：芒果班戟 /

材料:

鸡蛋1个
低筋面粉80克
芒果（大头）1个
橙汁30毫升
牛奶210毫升

调料:

黄油10克，糖粉20克，淡奶油适量

做法:

1 鸡蛋与糖粉加入到打蛋盆里，用打蛋器搅拌均匀。

2 加入牛奶和橙汁拌匀，筛入低筋面粉拌匀，加入溶化的黄油，拌匀成面糊，放入冰箱冷藏30分钟。

3 取出面糊过滤一遍，不粘平底锅稍微加热，舀入一汤勺的面糊，小火煎至成面片取出。

4 芒果洗净去皮去核，切成条状。

5 淡奶油用电动搅拌器打发至呈现鸡尾状。

6 取一片面皮将煎过的一面放入少许淡奶油，放入芒果条，在芒果条上面再放入一层淡奶油，包好收口朝下即可。

混合好的面糊一定要过筛，否则就会影响口感。煎饼的时候一点要小火，否则冰皮容易煳掉。

\ 芝士就是力量：轻芝士蛋糕 /

材料:

芝士112克
牛奶45毫升
液态酥油30毫升
玉米粉4克
低筋面粉28克
蛋黄44克
蛋白89克
水果、透明果膏、
巧克力配件各适量

调料:

糖粉56克
塔塔粉2克

做法:

1 把芝士倒入盆内，隔热水搅至软化。

2 分次加入牛奶拌匀。

3 依次加入酥油、玉米粉、低筋面粉和蛋黄，拌匀，备用。

4 蛋白倒入量杯内，打至起粗泡，加糖粉和塔塔粉，快速打成六成发成蛋白霜。

5 将三分之一的蛋白霜，加入之前的面糊中拌匀，再加入剩下的三分之二拌匀。

6 把拌好的芝士面糊倒入垫有油纸的模具中，震平。

7 烤盘加适量水，隔水以200℃的炉温烘烤至表面上色，降至150℃，烤至熟，出炉后趁热脱模。

8 在蛋糕皮表面挤上透明果膏，抹平，在表面放上水果、巧克力配件装饰即可。

简简单单的轻料理

天生优雅，爱好清静，喜欢简单的美味。
一个人下厨房，来一场美食大冒险。
做简简单单的轻料理，品味一个人的幸福餐。

Part 6

\ 玛芬三明治 /

材料:

鸡蛋6个
面粉5克
黄油20克
肉豆蔻1个
黄芥末酱5克
格鲁耶尔干酪10克
切片面包6片
烟熏火腿适量

工具:

玻璃碗1个，玛芬模具1个，烤箱1台，搅拌器1个，磨碎器1个

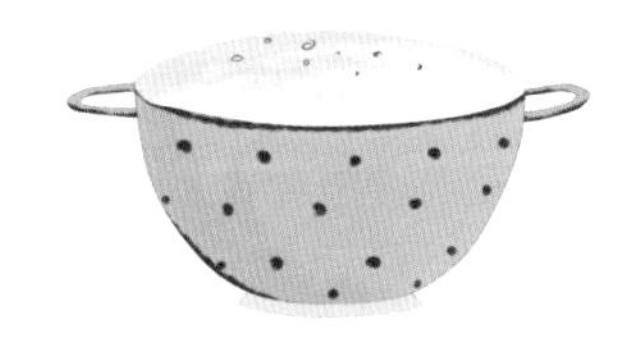

做法:

1 取两个鸡蛋的蛋清部分倒入碗中，加入面粉，拌匀至没有颗粒，加入少许黄油，快速拌匀。

2 用磨碎器擦入少许肉豆蔻屑，提香，加入少许黄芥末酱，拌匀。

3 将切片面包压实，双面均匀抹上黄油，放入模具中作为玛芬杯体，铺上一片烟熏火腿，加入蛋黄和一匙调制好的混合液。

4 擦上一层干酪丝，即成玛芬三明生坯，依此将剩余生坯做好。

5 将生坯放入已预热至180度的烤箱中，烤5分钟至焦黄取出即可。

烤制时间可依个人口味而定，喜欢溏心蛋的烤约3分钟即可。

脆皮先生，来自法国的浪漫早餐。

一份白吐司的进化史，离不开黄油与口蘑的绝妙搭配，

连同洋葱的激情碰撞，历经煎煮烘烤，

方能散发出牛奶与芝士的怡人清香。

脆皮先生

法式脆皮先生，清脆的口感，浓郁的酥香，瞬间就惊艳了味蕾，让你一见钟情般地爱上了它。

材料：

白吐司100克，黄油10克，牛奶100毫升，火腿片20克，干酪丝25克，面粉80克

调料：

盐、生菜丝、洋葱丝、白酱各适量

做法：

1 热锅内放入黄油煮至熔化，倒入面粉，搅拌至起气泡。

2 倒入牛奶煮沸至浓稠，关火，加入10克干酪丝、盐，搅拌匀。

3 吐司切去边，放入烤盘内，涂上白酱，放入火腿片。

4 撒上15克干酪丝，涂上一层白酱，盖上一片吐司，刷上一层黄油。

5 烤箱预热好，放入烤盘，以上下火180℃烤6分钟。

6 盘内放入火腿片，生菜丝、洋葱丝点缀，待时间到取出烤盘。

7 吐司对角切开，放入盘中即可。

水果蜜方，充满甜蜜爱意的早点。
一个人生活，更需要好好地爱自己。吃早餐是一门学问。
不同的食材，带有不同的情感，因此选择食材是关键。
酸爽的西柚、甜蜜的猕猴桃，结合吐司与奶油，
搭配在一起，想着都能笑出来。
水果蜜方，究竟有多甜蜜，你吃了就知道。

水果蜜方

酸爽的西柚、甜蜜的猕猴桃，搭配在一起，绝对是非常好的美味选择。

材料：

西柚70克，猕猴桃50克，吐司2片，提子少许

调料：

奶油适量

做法：

1 西柚洗净去皮，切成片。

2 猕猴桃洗净去皮，切成片。

3 吐司用模具压成圆形。

4 一片吐司上挤上适量的奶油，放上西柚片。

5 放上一片吐司，挤上奶油，放上猕猴桃片。

6 挤上适量奶油，放入一颗提子点缀即可。

Tips：奶油不易多吃，否则容易导致肥胖。

\ 法式奶香蛤蜊 /

材料:

蛤蜊250克
白洋葱120克
大蒜10克
指天椒5克
柠檬50克
黄油20克
月桂叶、
迷迭香各适量

调料:

盐少许
奶油10毫升

做法:

1 处理好的白洋葱对切开，再切碎。

2 大蒜去皮拍裂，切碎。

3 洗净的指天椒切成圈。

4 柠檬洗净切开，一半挤柠檬汁。

5 热锅中倒入黄油加热至熔化，放入洋葱、大蒜、指天椒，炒香。

6 放入月桂叶、迷迭香，翻炒片刻至洋葱软化。

7 倒入洗净的蛤蜊，加盐炒均匀。

8 倒入柠檬汁，持续翻炒3分钟至蛤蜊张开口。

9 倒入奶油，翻炒均匀，盛出炒好的蛤蜊，装入盘即可。

盛盘后可根据个人喜好，添加柠檬片或薄荷叶做装饰，赏心悦目。

\ 炸海虾 /

材料：

海虾150克
鸡蛋40克
面粉50克
黑芝麻15克
白芝麻20克
柠檬片少许

调料：

姜汁5毫升，生抽5毫升，料酒8毫升，盐、黑胡椒粉、食用油各适量

做法：

1 海虾剥去头，去壳，挑去虾线。

2 海虾洗净装入碗中，放盐、黑胡椒粉、姜汁、生抽、料酒拌匀。

3 鸡蛋打入碗中，搅拌打散。

4 放入面粉，搅拌匀制成面糊。

5 将一半的海虾均匀地裹上面糊，蘸上备好的白芝麻，待用。

6 将一半的海虾裹上面粉，蘸上备好的黑芝麻，待用。

7 热锅注油烧热，放入海虾，搅拌片刻炸3分钟至表面金黄色。

8 关火，将虾捞出，沥干油分。

9 盛出装入盘中，摆上柠檬片装饰。

可以用牙签插入虾背，挑去虾线。

美味早餐罐，我的果味盛宴。

腰果、核桃与燕麦的完美搭配，加入牛奶与酸奶的美妙融合，便成了一道奢华的果味盛宴。伴随舒缓的音乐，迎接清晨的阳光，品味果香飘散的美食，从此，吃早餐也成了一种享受。

赶紧来一罐吧！美味早餐罐，你值得拥有！

美味早餐罐

坚果、牛奶、酸奶，让早晨慵懒的你立马变得活力四射，元气满满。

材料：

腰果30克，核桃30克，芒果块200克，速食燕麦50克

调料：

牛奶、酸奶各适量

做法：

1 将腰果、核桃掰成小块。

2 备好的燕麦放入罐中。

3 加入适量牛奶，静置片刻，将底部压实。

4 加入核桃、腰果，倒入芒果块。

5 最后倒入酸奶即可。

Tips：燕麦最好买速食的，这样可以节省很多的时间。

\ 什锦鸡肉卷 /

材料：

鸡腿400克
黄瓜90克
胡萝卜90克
水发香菇70克
姜丝少许

调料：

盐2克
鸡粉2克
料酒4毫升
生粉2克
食用油适量

可根据个人喜好，在鸡肉中加入其他蔬菜水果。

做法：

1 洗净的鸡腿沿着腿骨切一圈，去除骨头，取肉备用。

2 洗净的黄瓜切段，再切成细条。

3 洗净去皮的胡萝卜切段，改切成细条。

4 泡发洗净的香菇切成丝。

5 鸡腿装入碗中，加入盐、鸡粉、料酒，拌匀。

6 放入生粉，拌匀，淋入食用油，拌匀腌渍10分钟。

7 锅中注入适量清水，倒入香菇、胡萝卜，搅拌煮至断生。

8 汆好水的食材捞出，装入盘中，待用。

9 将黄瓜、香菇、胡萝卜、姜丝塞入鸡腿肉内。

10 热锅注油烧热，放入酿好的鸡腿肉。

11 用小火煎约5分钟至其呈金黄色。

12 关火，将煎好的鸡肉卷盛入盘中即可。

\ 盆栽奶茶 /

材料:

打发奶油60克
牛奶150毫升
开水100毫升
红茶包1包
奥利奥饼干末80克
薄荷叶适量

工具:

保鲜膜适量、杯子1个

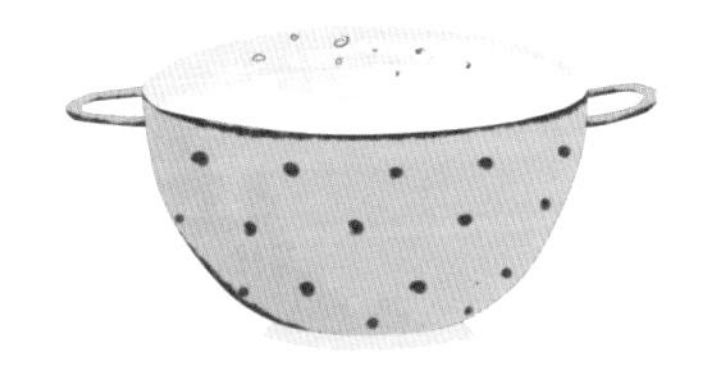

做法:

1 将红茶包放入开水内，浸泡片刻释放出味道。

2 取一杯子倒入茶水，冲入牛奶。

3 封上保鲜膜，放入冰箱冷藏30分钟左右。

4 取出冰好的奶茶，去除保鲜膜。

5 放上鲜奶油，撒上一层奥利奥饼干末。

6 点缀上洗净的薄荷叶即可。

奶油对人体也有补益作用，可以增强人体免疫力。

\ 抹茶果冻 /

材料:

纯净水250毫升

果冻粉10克

细砂糖50克

抹茶粉15克

工具:

搅拌器、模具、奶锅各1个

做法:

1 纯净水倒入奶锅内，大火煮沸。

2 放入果冻粉、细砂糖，搅拌煮至溶化。

3 倒入抹茶粉，充分搅拌搅匀。

4 将煮好的液体倒入模具至八分满，放凉。

5 置凉后放入冰箱冷藏半小时，取出即可。

模具中先铺上一层保鲜膜，再倒入液体，会更易取出，不至于将果冻弄碎。

\ 牛油果沙拉 /

材料:

牛油果300克
番茄65克
柠檬60克
青椒35克
红椒40克
洋葱40克
蒜末少许

调料:

黑胡椒碎2克
橄榄油、
盐各适量

牛油果可以捣碎一点，口感会更好。

做法:

1 洗净的青椒去籽，切成小丁。

2 处理好的洋葱切成小丁。

3 洗净的红椒去籽，切成小丁。

4 洗净的番茄切片，再切成小丁。

5 洗净的牛油果对切开，去核，挖出果肉。

6 牛油果装入碗中，用勺子捣碎，再加入洋葱、番茄。

7 放入青椒、红椒、蒜末。

8 加入盐、黑胡椒碎、橄榄油，搅拌搅匀。

9 将拌好的沙拉装入牛油果的果皮内。

10 挤上少许的柠檬汁即可。

牛肉可以怎么吃?
煎、煮、炒是最常见的几种方法，
也是大家熟悉的味道。炸牛肉，意想不到的美味。
伴随着浓郁的肉香，轻轻地咬上一口，唇齿生津。

炸牛肉

今天，不如来个新花样，做一份炸牛肉。牛肉酥脆柔嫩的口感，让人难以忘怀。

材料：

牛肉400克，鸡蛋、米粉丝各40克，泡菜20克，玉米生粉适量

调料：

盐5克，生抽5毫升，黑胡椒、食用油各适量

做法：

1 牛肉洗净切小块，装入碗中，再放入盐、黑胡椒、生抽。

2 搅拌均匀，打入鸡蛋，充分拌匀腌渍10分钟。

3 热锅注油烧热，放入米粉丝炸开，捞出沥去油分。

4 玉米生粉倒入盘中，将腌渍好的牛肉均匀地包裹上。

5 油锅烧热，倒入牛肉，搅动炸至金黄色。

6 将米粉铺在盘中，炸好的牛肉放在米粉丝上，放上备好的泡菜搭配即可。

\ 咖啡冰沙 /

材料：

打发鲜奶油50克
凉开水150毫升
浓缩咖啡75毫升
牛奶30毫升

调料：

可可粉15克
蜂蜜30克

做法：

1 冰格中逐一倒入凉开水，将冰格放入冰箱冻5分钟。

2 取出冰格，将冰块装入碗中。

3 冰块倒入榨汁机内，将其打碎制成冰沙，装入碗中。

4 咖啡中倒入牛奶、蜂蜜，拌匀。

5 将冰沙倒入容器内，倒入拌好的咖啡。

6 放入打发好的鲜奶油，再撒上可可粉即可。

加入奶油后可轻晃杯子，以震平奶油，成品外观会更好看。

\ 鸡肉热狗 /

材料：

鸡胸肉500克
黄瓜150克
牛油果80克
番茄80克
生菜10克
热狗包1个

调料：

黑胡椒、沙拉酱各适量

做法：

1 鸡胸肉撒上黑胡椒，腌渍片刻。

2 热锅注水烧开，放入鸡肉，煮6分钟至熟，捞出，切成小块。

3 烤箱预热好，放入热狗包，以上下火220℃烤5分钟后取出。

4 在热狗包上横划上一字刀，用手稍稍掰开。

5 洗净的番茄切成小块，待用。

6 洗净的黄瓜切片。

7 牛油果切开去核，肉切成小块。

8 在热狗包中间铺上一层生菜，放入番茄、牛油果、鸡胸肉。

9 放上黄瓜，挤上沙拉酱即可。

鸡胸肉容易煮老，所以，一定要时不时地用筷子扎一下看看里面是否熟了。

\ 芒果冰棒 /

材料:

芒果150克
牛奶250毫升
糯米粉15克
清水200毫升

调料:

白糖30克

做法:

1 芒果洗净对切开取一半，划上网格花刀，削下果肉。

2 奶锅中注入清水，大火煮沸。

3 倒入白糖，搅拌煮至溶化。

4 倒入糯米粉，充分搅拌匀。

5 关火，放凉片刻，倒入牛奶，搅拌匀。

6 将芒果丁倒入冰棒模具内，倒入牛奶汁。

7 盖上冰棒盒盖，放入冰箱冷藏6个小时。

8 待时间到，从冰箱到取出模具，拔出冰棒即可。

糯米粉倒入锅中后可能会成团，可用勺子按压，使其散开再搅匀即可。

\ 香菇拌扁豆 /

材料：

鲜香菇60克

扁豆100克

调料：

盐、鸡粉各4克，芝麻油4毫升，白醋、食用油各适量

做法：

1 锅中注入适量清水烧开，加入1克盐、食用油。

2 放入处理好的扁豆，搅拌，煮至断生。

3 捞出氽好的扁豆，沥干水分，放凉备用。

4 倒入香菇，氽煮片刻。

5 将其捞出，沥干水分，待用。

6 放凉的香菇切丝，备用。

7 将扁豆切成丝，装入碗中。

8 香菇装入碗中，加入1克盐、2克鸡粉、芝麻油，搅拌匀。

9 将2克盐、2克鸡粉、白醋、芝麻油加入扁豆内，搅拌匀。

10 拌好的扁豆装入盘中，再倒上香菇即可。

扁豆应煮熟透才能食用，否则容易引发食物中毒。

\ 蒜泥海带丝 /

材料:

水发海带丝240克
胡萝卜45克
熟白芝麻、
蒜末各少许

调料:

盐2克
生抽4毫升
陈醋6毫升
蚝油12毫升

做法:

1 洗净的胡萝卜切薄片，再切细丝。

2 锅中注入适量清水，放入洗净的海带丝，拌匀煮2分钟。

3 断生后将其捞出，沥干水分。

4 海带丝装入碗中，加入胡萝卜丝、蒜末。

5 放入盐、生抽，再将蚝油、陈醋倒入，充分搅拌搅匀。

6 将拌好的海带丝装入盘中，撒上熟白芝麻即可。

盛盘后最好再浇上少许热油，味道会更香。

即使一个人，也要认真对待每一餐，那么幸福，将会与你越来越近……